室 内 设 计 工 程 档 案
Selected Interior Design Projects

主题会所
Club Space

本书委员会　编
主　编：董　君
副主编：贾　刚

中国林业出版社

图书在版编目（CIP）数据

主题会所 /《室内设计工程档案》编写委员会编. -- 北京：中国林业出版社, 2017.6

（室内设计工程档案）

ISBN 978-7-5038-8980-6

Ⅰ. ①主… Ⅱ. ①室… Ⅲ. ①服务建筑 – 室内装饰设计 – 中国 – 图集 Ⅳ. ①TU247-64

中国版本图书馆CIP数据核字(2017)第087767号

《室内设计工程档案》编写委员会

主　编：董　君

副主编：贾　刚

丛书策划：金堂奖出版中心

特别鸣谢：《金堂奖》组委会

中国林业出版社 · 建筑分社

策划、责任编辑：纪　亮　王思源

文字编辑：袁绯玭

出版：中国林业出版社　（100009 北京西城区德内大街刘海胡同 7 号）

http://lycb.forestry.gov.cn

电话：（010）8314 3518

发行：中国林业出版社

印刷：北京利丰雅高长城印刷有限公司

版次：2017年6月第1版

印次：2017年6月第1次

开本：170mm×240mm　1/16

印张：14

字数：150千字

定价：128.00 元

目录
CONTENTE

001/ 印象客家溯源会所

项目名称：印象客家溯源会所
项目地点：福建省福州市
项目面积：900平方米
主案设计：张清华

　　印象客家溯源文化会所是以展现客家文化内涵为主题的原生态客家风情餐饮文化会所。经营定位以客家原生态美食为主，客家土特产、工艺品、字画为辅的中高端会所。

　　客家人在祖辈万里迁徙的磨练及山区恶劣生存环境下的锻冶所产生的客家精神是设计的思路源泉。环境结合定位，围绕客家文化，讲究原生态融汇勤俭、开拓、质朴的客家精神，传承客家河洛文化的经典大气，做到文化、原味、私密相结合的三项特点。

　　因为设计之前就参与了会所的定位、顾客群的分析、环境分析、控制投资造价分析，所以在一开始的空间布局就遵循功能结合客家文化，借助客家土楼的空间建筑语言，讲究纵线与横线、交叉点的相互关系，同时还考虑空间与空气的自然流通。

　　装修施工选材上也是以环保原生态的材料为主，如青石、青砖、灰泥、砾米粒，并保留一些建筑原始的护坡墙的麻石。没有过多的装饰，纯粹的空间，旨意去呈现客家人的精神面貌。

印象客家

平面布置图

002/ 重生《兰亭会》

项目名称：重生《兰亭会》
项目地点：江西省南昌市
项目面积：300平方米
主案设计：李金山

　　如何在旧有装修的场所上进行第二次的适度装修，我们这几年在这个命题上做了不少的探讨和摸索，也得到了许多客户的认可。

　　这个项目的前身也是一个办公场所，客户这次的想法是通过最小的改造把它改造成具有会所兼办公的功能。客户是个理性优雅而又成功的女企业家，她对这个场所的理念是以办公结合会所为缘结识志同道合的挚友，倾囊之、向往之……

　　用怎样的视角来讲述这么个场所？这不免让人想起了王羲之的《兰亭序》。王羲之的《兰亭序》中，"群贤毕至，少长咸集"的兰亭，大概就是这样了，众多贤才都汇聚到这里，年龄大的小的都聚集在这里分享、欢聚、重温，在如今的大时代，互相提携、互相关心、同舟共济，这也是会所功能所在。创意与客户不谋而合。

　　围绕《兰亭会》的这个主题和空间氛围，我们对原有的功能布局进行了局部调整，墙面和天花做最大的保留，地面重新铺装了地板，强调人文关怀的实在。墙立面颜色、顶部灯光、家具、摆件、窗帘配饰等我们重点做了属性设计处理，强调大气简洁、朴实无华的氛围。整个空间精致优雅、落落大方、余味留甘。

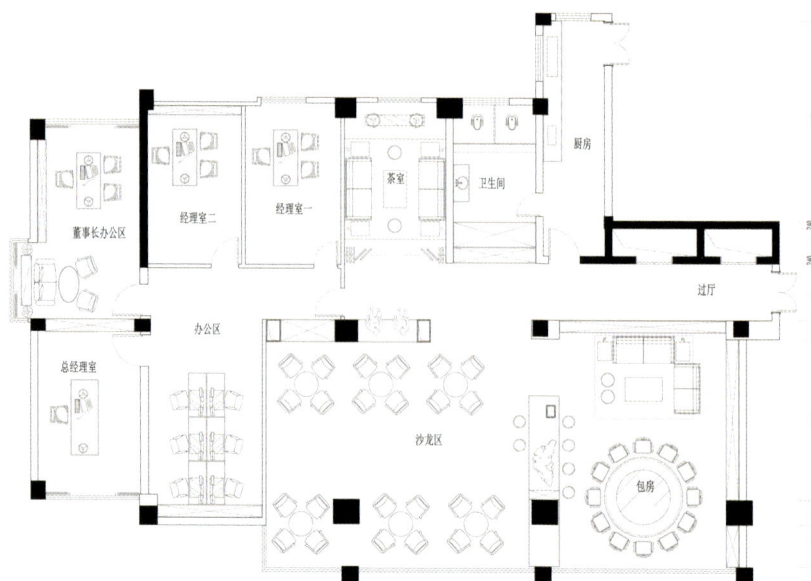

平面布置图

003/ 汤泉茶馆会所

项目名称：惠州中信紫苑•汤泉茶馆会所
项目地点：广东省惠州市
项目面积：540平方米
主案设计：邱春瑞

项目属于旅游地产住宅综合项目第三期，高端定位，茶馆作为本次项目的第一道门槛，无论在形式上还是用户体验度上都需要达到极致。

设计师以禅的风韵来诠释室内设计，不求华丽，旨在体现人与自然的沟通，为现代人营造一片灵魂的栖息之地；并借助一代文豪苏东坡历史为背景，营造出室内空间萧瑟、凄凉、踌躇满志、略带悲伤的一种复杂的情怀。借以中国文化代表之一———茶作为引子，不同的茶室提供不同的茶，普洱、龙井、碧螺春、铁观音等，让浓郁的茶香萦绕在室内空间里。

建筑原本属于别墅住宅类型，在空间布局上就不符合商业空间要求，在此基础上设计师对室内空间布局重新分割和再组合，但是同时又要保留部分居家生活的元素。为使空间的通透性较强，大量运用可开可合的格栅门作为空间之间的分界基准；为引进自然景色和天光，茶室整个墙面打通，用格栅和麻质卷帘作为装饰；室外布局也有细心考究，运用中式庭院布局，前后安置人造水景区，呼唤出了中式传统中的婉约、宁静、内敛、深沉、虚实。

材料的选择需要应景，是室内空间产生感情的基奠。设计师营造的是一种苦涩的室内空间味道，那么就要让材料本身说话。

一层平面布置图

二层平面布置图

OO4/ 稍可轩

项目名称： 稍可轩
项目地点： 河北省石家庄市中山路习三博物馆
项目面积： 900 平方米
主案设计： 孙铮

　　整个空间塑造以黑白灰为主，添加了一些木色，给冰冷的空间添加一些活力与人的亲近，通过徽派建筑特色和现实空间用现代的手法做一个结合。入口处正对墙面是白色的，墙面上部有瓦片装饰的假窗，内衬灰镜制造别有空间的假象，窗下是不锈钢做的标示向外支出，加上标示本身背部灯光让它感觉像是在飘着，透出一股莫名的幽静与空灵。正对口宽大厚重的石条桌上面放置一块奇石更是衬托了琴馆的品质。路面是青石地板，其他地面全是白色的石米勾勒出相对规矩的纹理，两侧是徽派建筑典型的墙面造型，将建筑原有的基础设计给藏了起来，避免整个空间显得过于工业化。白墙灰瓦加上墙头的青石板，顶面是木作过梁，阳光疏淡地散落在白墙上留下几条木梁的阴影，使整个空间更加的纯净、空寂、亲切。

　　走到庭院处转过头看到的是一个静静的淌着水的水池，有数尾锦鲤浅浅游玩其中，听着潺潺的水声可以看到水池的一端，水面上飘着一个亭子。

　　在走廊可以打开窗子去感受微风拂过水面的感觉，阳光悠然散落水面的晶莹，甚至可以用手去触碰那静静的水面再给它添一份涟漪，去满足一下北方人那亲水的情节。穿过走廊可以看到的是一个几乎闭合的庭院，这里采用的是枯山水的做法，在这里带给你的是另一番视觉盛宴。透过门窗可以看到别致雅韵的琴室，听着耳边响起的深沉悠远的琴声，使人眼前不禁跳山一抹化不开的梦幻楼阁，仿佛置身世外桃源远离了城市的喧嚣，心被涤荡得分外清澈。

平面布置图

005/ 古一宏

项目名称：禅茶馆古一宏
项目地点：浙江省杭州市
项目面积：556平方米
主案设计：林森

本案位于杭州白塔公园内，该公园位于老复兴路，毗邻钱塘江边，是西湖文化遗产的实证，是京杭大运河文化遗产的端点，还是108年前杭城第一条铁路的始发站所在地。这里是一个有着深厚历史底蕴的主题性公园。

古一宏红茶产自宜兴，宜兴古称阳羡，怡然自处幽幽太湖之西濒，威仪坐观群山天目之起伏，山清水秀居所，世外桃源福地，集天地灵气孕育，聚日月精华洗礼，固所产宜兴红茶既得源远流长之美名，更具弥香沁脾之美誉。

中国茶文化的形成有着丰厚的思想基础，儒家以茶修德、佛家以茶修性、道家以茶修心。传统文化的表达和传递，更注重的是空间意境和现实的体会。本案在设计手法上没有过多的修饰，整体简洁、清秀、同时却处处散发着属于传统文化的底气和神韵。这就是本案设计要表达的一种人文境界，一种艺术境界——"茶禅一味"。

格栅作为本次设计的主要元素，让东方禅意得到了更好的体现。竹制实木条排列在空间中随处可见，配合特殊工艺处理的大块面白墙以及人造水景，浓厚的意境呼之欲出。墙面层叠造型是以宜兴地貌为原型，在文化上强调红茶文化之本源，在空间中"源"的延引形成了特有的符号，有较强的品牌识别性。

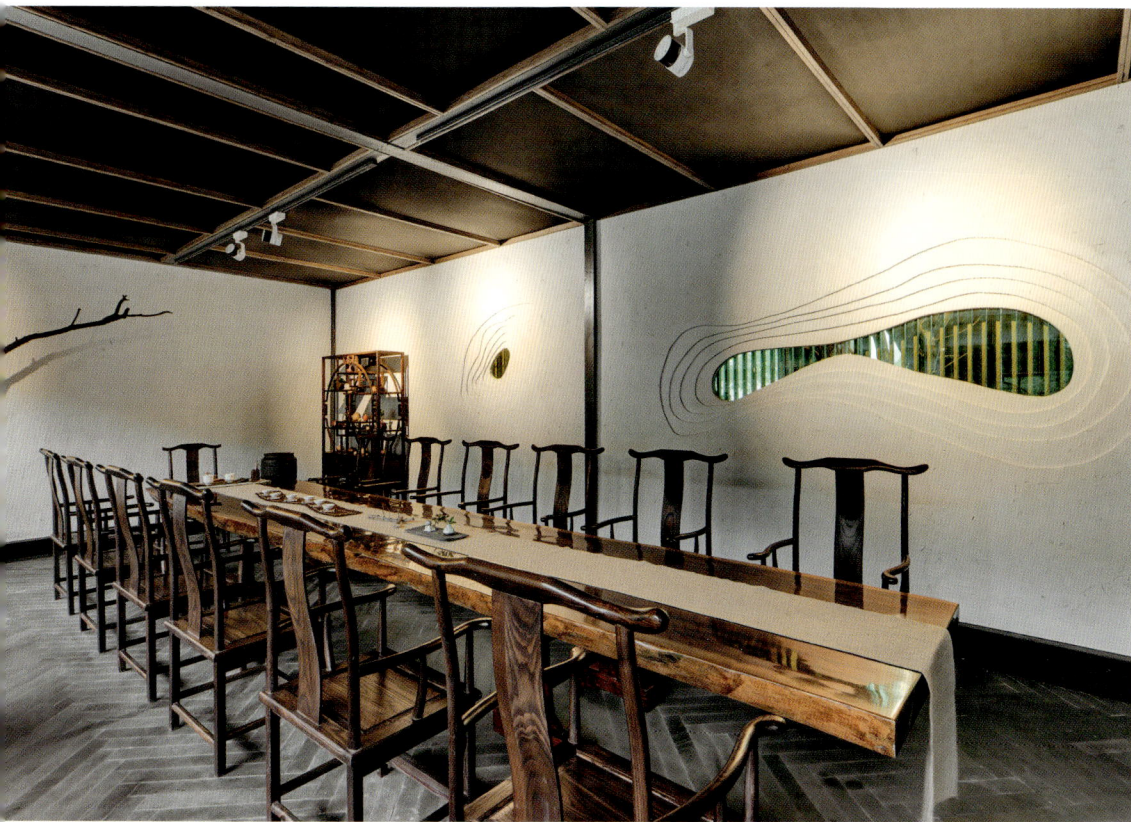

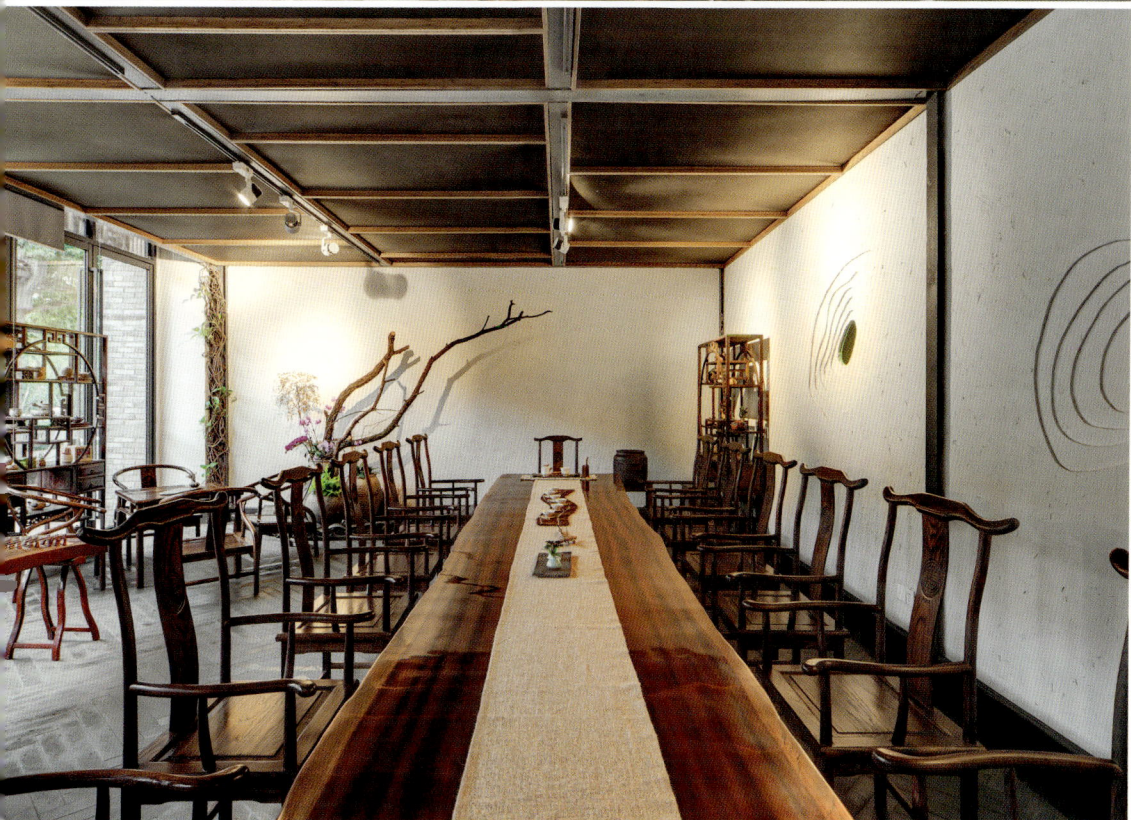

oo6/ 茗泉茶庄

项目名称：茗泉茶庄
项目地点：广东省东莞市
项目面积：860 平方米
主案设计：刘晓亮

　　本案以茶文化为主题，为身处繁华都市的企业精英及文人墨客提供了一个的很好的交流放松平台。"素•色"，这就是我们赋予这间坐落于繁华都市中的休闲空间的设计概念。

　　通过现代简洁的设计语言来描述，将这样一处充满茶香的文化空间，与现代生活之间的距离拉近。在色彩控制上，整个空间以稳重的暖灰色调，配合局部光源的处理，以亲切温馨的视觉体验让空间与人之间的关系更加紧密。很多家具运用了原色，原色系意在根本、本性、自然，茶无形的香，使品者反观自己的本性——真、善、美。

　　空间形成的高低错落、围合、虚实、秩序与文化体验，使得宾客在休闲的同时也深受文化的熏陶，进而将儒雅的文人墨客气质演绎的淋漓尽致！让空间有了秩序、让空间有了序列、让空间有了礼仪、让空间有了灵魂。

　　本案利用原木、竹子、石材等具有东方气质的元素材质对空间进行整体塑造分割设计，处处以东方文化的气势与氛围，演绎诠释整个室内空间。

一层平面布置图　　　　　　　　　　　　二层平面布置图

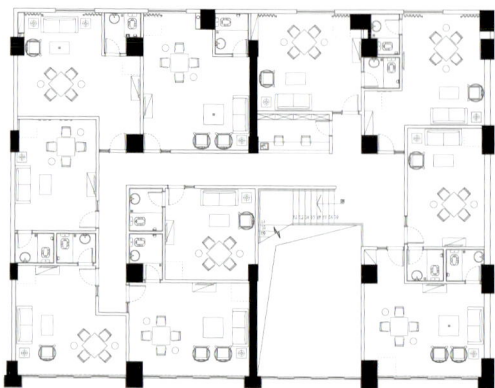

007/ 南湖大厦会所

项目名称：嘉峪关市南湖大厦
项目地点：甘肃省嘉峪关市
项目面积：300平方米
主案设计：刘旭东

南湖大厦，在继承传统中矢志创新，简约中透着精致，和雅中充满激情，将新中国风的内涵演绎得优雅醉人。

南湖大厦的魅力在于追求东方的平衡感，并将东西方的文化形式折衷融合，探寻真正属于中国的设计语言。让每一个到访的宾客在获得独特感官体验的同时，得到心灵的洗涤。通透材质的运用，搭配唯美的镂空屏风，朴素静雅，却又灵动耀眼。提醒着你这里是怎样一个不平凡的所在。严谨的布局和精巧的细节，融入现代简约的设计手法，无不展现着中式古典主义的构图美。

南湖大厦就是这样一个将文化、历史、艺术完美结合的空间，既保留了东方人积淀深厚的历史人文之归属感，又有大隐于市的从容淡定。不妨试想，在这里休憩冥想，放松身心，会是怎样一番闲逸自在、物我两忘的心境。

008/ 荣瑞兴业企业会所

项目名称：田厦国际·荣瑞兴业企业会所
项目地点：广东省深圳市
项目面积：380平方米
主案设计：陈飞杰

该项目位于深圳田厦国际中心，定位为办公会所，因业主对中国传统文化有着浓厚的兴趣，因此在设计过程中我们为办公室注入了中国元素，展现出富有深刻内涵的视觉空间及该企业独特的个性与特点。

办公室的前台设计以现代简约为主，弧形线条贯穿于现代与古典之间。左边打造现代化的办公空间，以土耳其灰为主色调。由于现代人办公讲究效率，强调细节，我们用灰色加以强化该特点，突显成熟稳重的办公特质，打造第一眼视觉上企业值得信赖的外在形象。

前台右边走廊两侧分别是会议室和水吧区，会议室内部结构依然沿用土耳其灰，与整体的现代风格达成一致。

会议室对面融入较多的中国元素，通过富有雕刻艺术感的屏风进入颇具传统风情的特色会客空间，此空间的设立源于业主对中国茶叶文化的浓厚兴趣。内部放置的古典瓷器，厚重古木案桌与木墩凳等一系列中国元素的渗入，为整个空间添加了些许静谧、祥和的氛围，将都市中人们浮躁的心渐渐抚平。然而整个空间由于现代水吧的加入又呈现了现代与古代的融合，这正是我们想突显的效果，没有突兀反而更显融洽与真实。

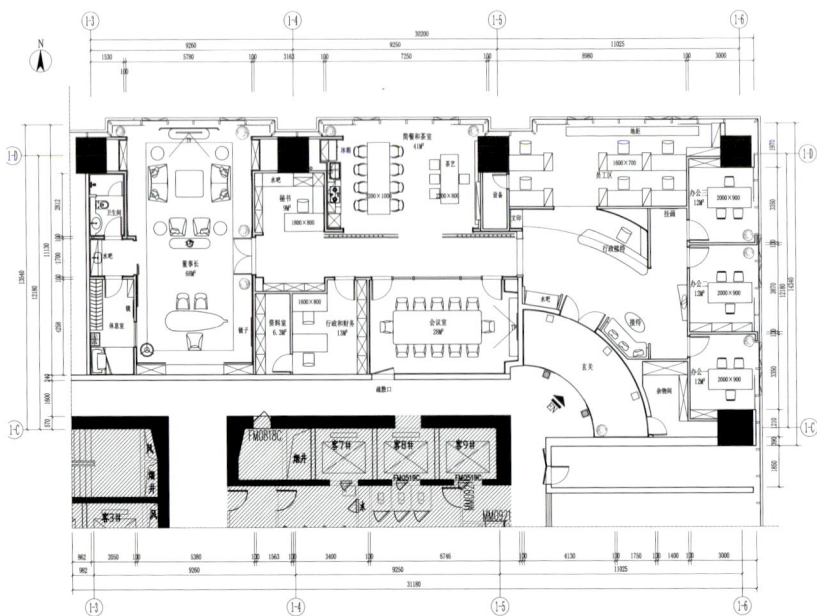

平面布置图

○○9/ 臻会所

项目名称：臻会所
项目地点：广东省深圳市
项目面积：1500平方米
设计单位：郑树芬

　　臻会所是一家为喜好艺术之人而设计的私人俱乐部及餐饮休闲处，由知名商业地产深国投置业在深圳中心区开发，由SCD郑树芬设计事务所团队设计打造而成。臻会所位于市区繁华路段嘉信茂购物中心内，紧邻山姆会员店，交通便利，热闹非凡。设计师如何做到闹中取静，如何打开这扇记忆之门呈现他们的作品呢？

　　设计师当初与甲方接触时，甲方给出的要求简单而复杂：现代中式、低调奢华。可以说是一个深奥的主题，后来设计师与甲方进行沟通之后，创作带有浓郁的传统文化味道，方案设计长达半年，立刻得到了甲方的高度认可，有种"众里寻他千百度，那人却在灯火阑珊处"的感觉。

　　设计师从设计创作到汇报、从材料选型到施工跟进，亲力亲为，把握设计过程的每一个重要节点和环节，对空间关系深度解构，对微妙细节细致把握，一步一景，惊喜变化源源不断地呈现，无形中碰触着我们的心灵，不由自主地随着他设置的空间脚步心潮澎湃，深深地被他设计的氛围感动。

　　臻会所分为休闲洽谈、餐饮接待、园林休闲、员工休闲、娱乐等多个区域。设计师从中国传统艺术文化中提取相关元素，可在会所内舒适而有品味的空间中交换创意点子，是一个能融入休闲、饮食、娱乐、交流等连结艺术与人文的绝佳场所，无论你是艺术大师或新人，都能在这里为这个城市激荡出新文化元素。随着深圳的发展，以及其在国际上的地位，毫无疑问臻会所将成为一个国际与本地人士独特的交流中心。

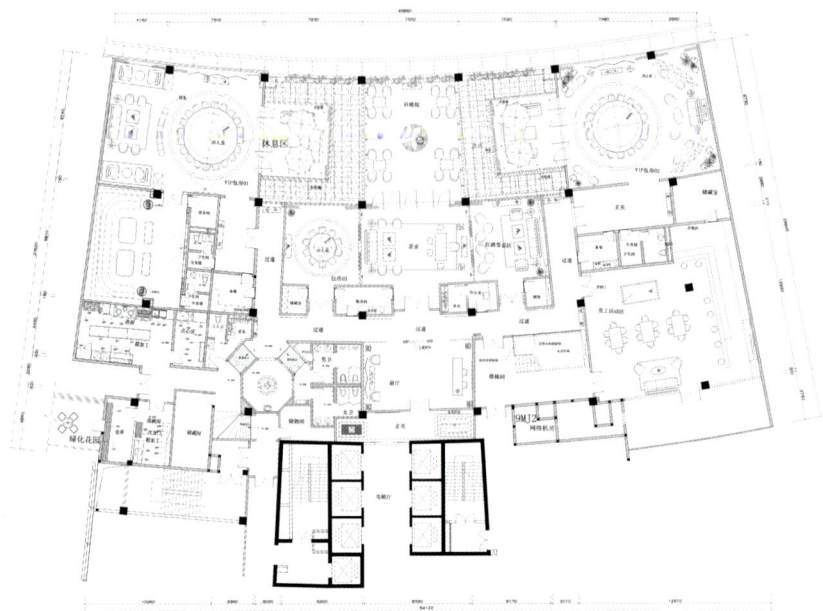

平面布置图

oIo/ 南山中医养生会所

项目名称： 溧阳天沐南山中医养生会所
项目地点： 江苏省常州市
项目面积： 1240平方米
主案设计： 谢银秋

　　江苏溧阳天沐南山中医养生会所秉持中医养生、文化疗心的理念，致力于营造一个舒适的养生医疗环境。江苏溧阳天沐南山中医养生会所秉承国际化的设计创新概念，吸取传统中式精华部分，木石为基，山水为媒，同时又引进高科技的现代化设计手法，使得整体环境清新雅致。

　　木质材料的充分运用，将整个空间巧妙地分割开。辅之以灯光营造明暗效果，绿植作为隔断装饰，整个空间井然有序又浑然一体。江苏溧阳天沐南山中医养生会所主要采用木质材料，做到了绿色生态环保。

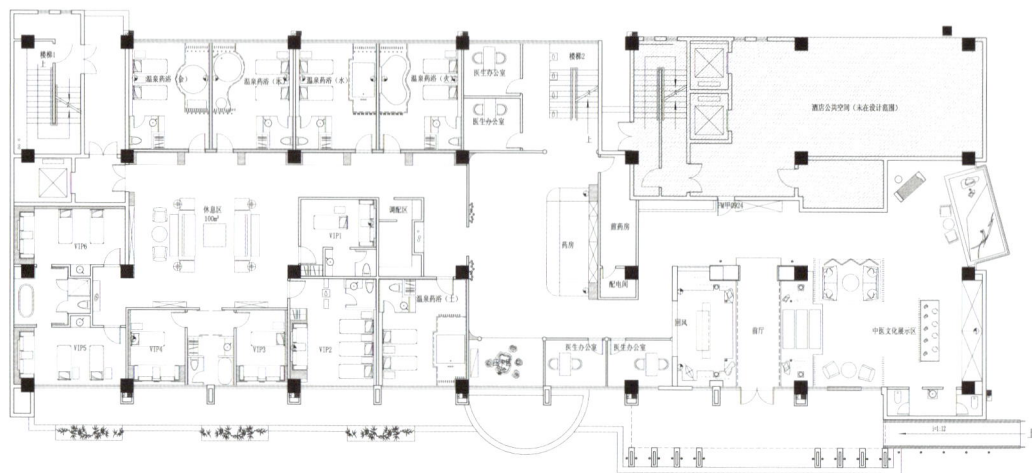

平面布置图

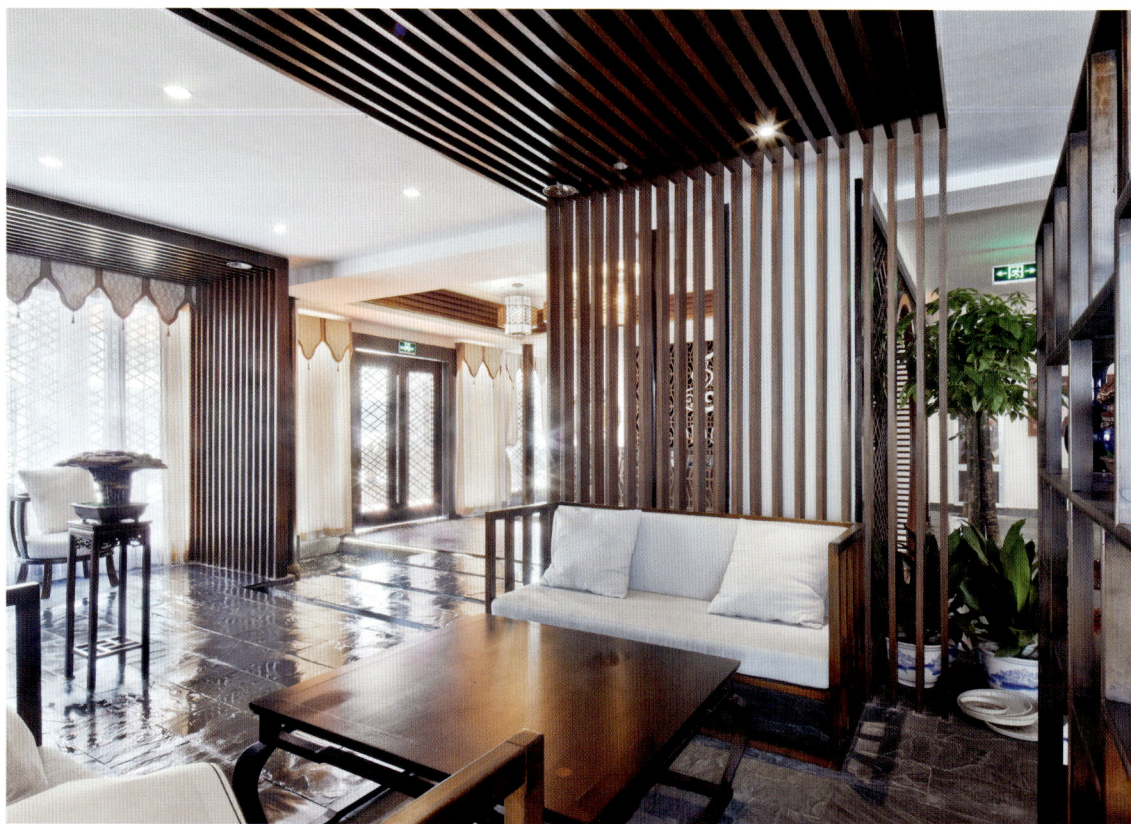

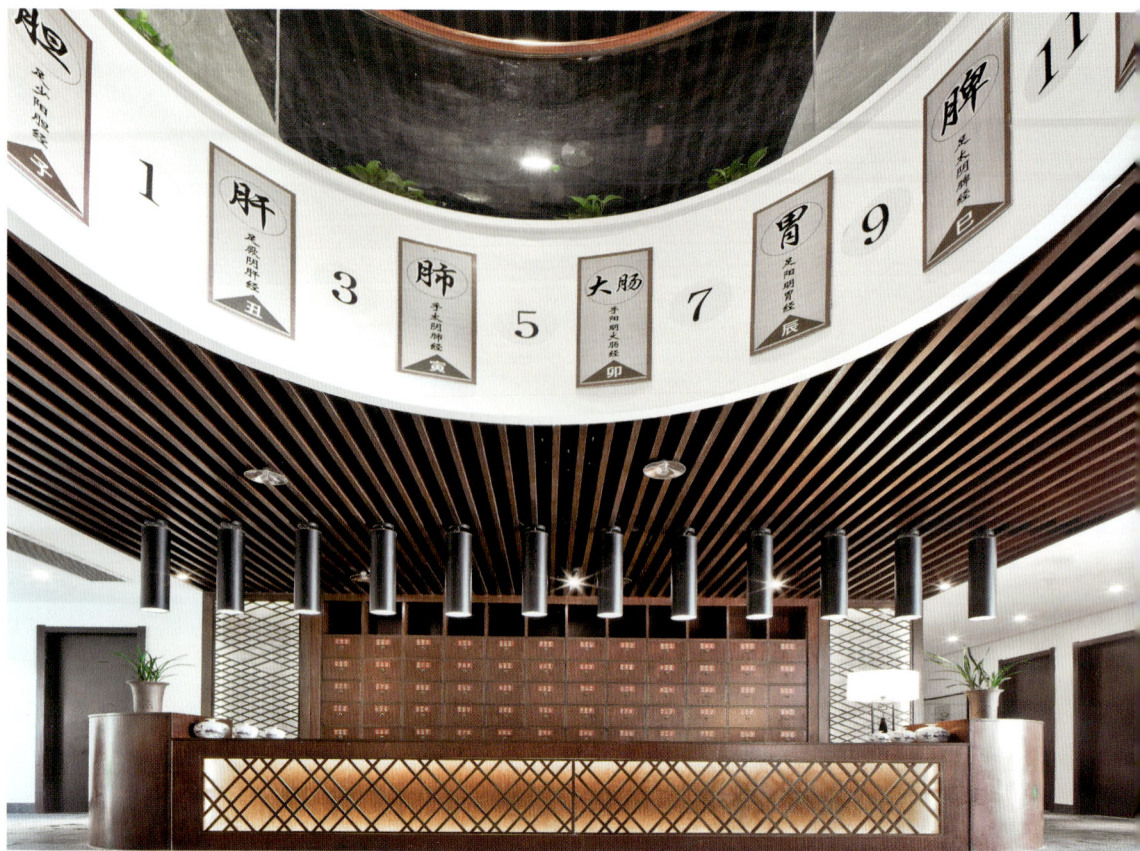

脾 足太阴脾经 巳

胃 足阳明胃经 辰

大肠 手阳明大肠经 卯

肺 手太阴肺经 寅

肝 足厥阴肝经 丑

子

1

3

5

7

9

11

011/ 森林公园会所

项目名称：宁夏银川市森林公园会所
项目地点：宁夏省银川市
项目面积：500平方米
主案设计：周方成

　　喧嚣而又浮躁的都市里，每个人都想找一个减压的空间，来舒缓释放情绪。基于这样的需求本案选择在一个闹中取静的公园里，创造一个城市里的清凉地让城市里的精英群体在这里享用美食、品茗、闻香、挥毫、习书，寻找内心的祥和安宁。

　　本案在整个空间的设计中，总体风格以新中式为脉络，运用中国传统绘画形式中的"虚"与"空"的手法来塑造空间的视觉感受和内在气韵，让来客体会到大隐隐于世的处世智慧。

　　在空间的布局上用到了中国古典园林造园的借景手法，虚实相映，营造了丰富多变的景观空间，达到步移景异、小中见大的景观效果。

　　设计者采用木料为主体，木隔断、木窗格、木楼梯、以及实木家具，木材敦厚沉稳的气质恰当地融合到空间的气韵中，墙面的大面积留白，让传统绘画中的图底关系跃然纸上，铺成出一个"言有尽而意无穷的含蓄空间"。

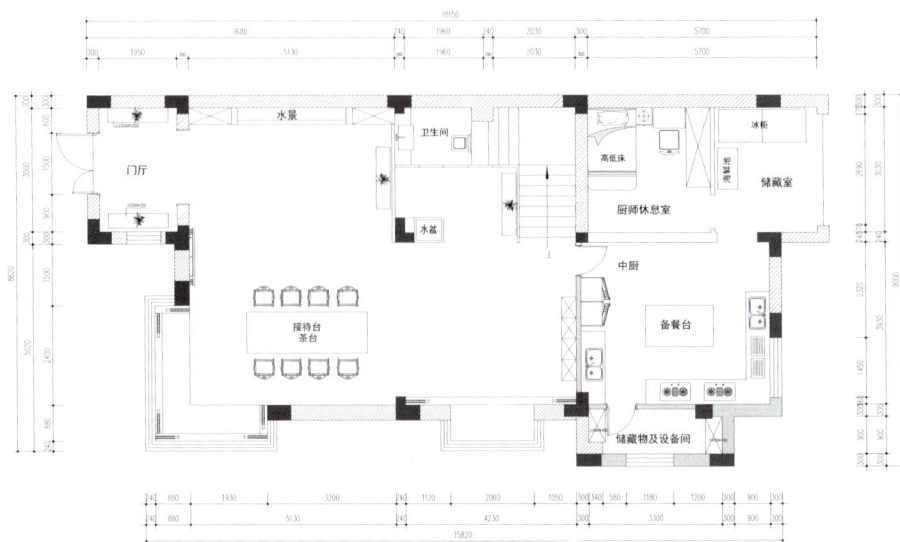

平面布置图

012/ 同兴和会所

项目名称：同兴和会所
项目地点：浙江省永康市
项目面积：1360平方米
主案设计：周少瑜

　　本案在功能上，营造一个低调奢华、环境优雅的集茶道、香道、古玩字画、美食文化为一体的高端的私人会所。

　　设计氛围：传承中国文化，融入东方风格，项目占地10亩，位于浙江永康市小漓江旁，原为破旧的几栋小厂房，与业主沟通在不拆原建筑的情况下进行设计改造。在设计中，室内传承了中国元素及手法，融入了东方风格的元素。室外园林用传统手法打造江南这种曲径通幽、小桥流水人家的环境氛围。建筑上依循建筑与自然融合的原则，充分利用风、绿荫、阳光，让人与自然关系融洽。

013/ 印象足道

项目名称：扬州印象足道
项目地点：江苏省扬州市
项目面积：1000平方米
主案设计：孙黎明

　　以水的意向作为空间主题，与业态的属性保持形神的呼应，并对水的意向做了巧妙的符号化处理，赫黄白的自然化色彩渐进渲染出清雅高贵、舒适惬意的场所感受。设计师通过空间结构的切割手法，赋予了线型的律动与各功能空间的和谐衔接，上中下的均衡、虚实空间的对比、轻巧与朴拙的搭配、实体与光影的互动，营造出禅味深长的东南亚意蕴。

　　在元素的演绎上，墙体浮雕感的水波即为形式上的当代化表现，又鲜明暗示着"水"这一主题意向；苇帘、水墨的绢纱、飘渺的古典山水挂帘，不仅平添了空间的文化气质，又在材质与形式表现上创造了视觉与心理上的丰富感受，造就了一个净爽淡雅的休闲馨时空。

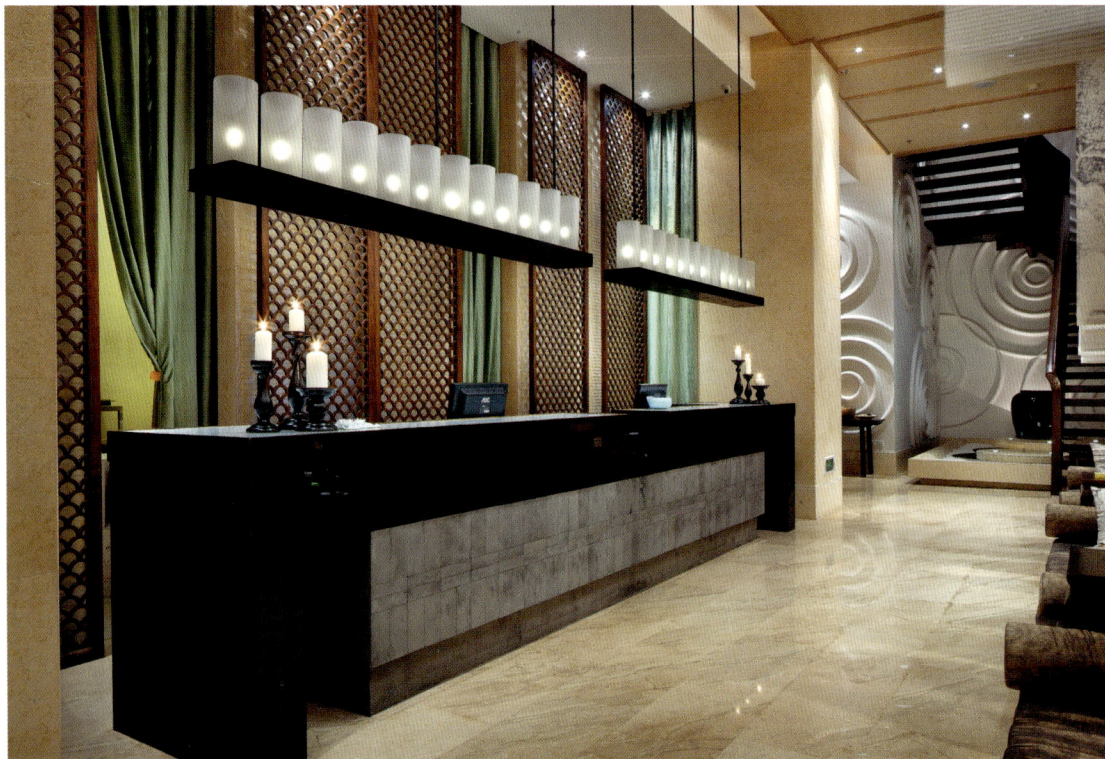

014/ 意兰亭

项目名称：意兰亭
项目地点：安徽省合肥市马鞍山路与皖江东路
项目面积：460平方米
主案设计：许建国

　　设计师借《偶然》这首诗的意境来表达本案，显然寻求的是一种心境，寄托一种情感，亦是大众所期望寻觅的心灵空间。在冥冥闹市中此处才是你的栖息之所，为你打造舒适自然、安静放松的空间。

　　设计师寻求的恰是蜻蜓点水之情，融入徽派元素整合出最合理的设计空间。少见的清新的中式，带有禅意的瓦片的运用，就像是水黑画一样，而且，很少材料上的堆砌，让人耳目一新。特别是那幔帐的运用，柔化了整个空间的感觉。整个室内空间的设计幽雅、安静、富有诗意与情趣。

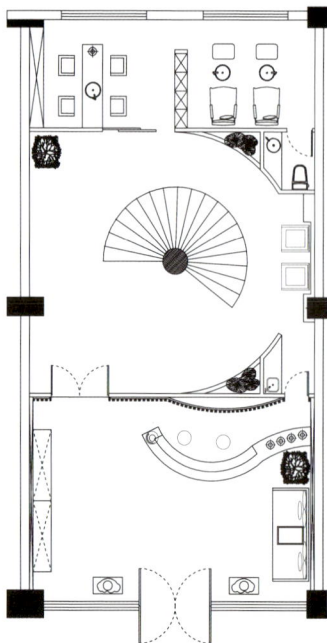

一层平面布置图

二层平面布置图

015/ 大隐于市的四合院

项目名称：大隐于市的四合院
项目地点：上海市
项目面积：2000平方米
主案设计：陆嵘

　　本案拥有传统四合院建筑体系并衔接新建太极馆，掩映在一片安静胡同深处，是在喧嚣城市中的一片心灵宁静之处。来这里，客人们可以安下心地修身养性，体悟四合院文化的同时又能感悟太极文化精髓。在整个室内设计中，设计师以中华传统文化中的"儒、释、道"为母题，运用"竹、木、石、水、影"不同材质与光影的融合，使人们能够身临其境地感悟中华传统文化的精髓。一入四合院，传统的四合院庭院搭配质朴的四合院木梁结构，让人一下子回到梁思成笔下的老四合院。室内以老榆木线条为主线，搭配与传统木梁结构的衔接，在梁上镶嵌入传统纹式的古铜装饰。

　　多功能厅，拥有旧铜打造的前台，配以独具匠心的环

形灯具交相呼应，来凸显其特色。贵宾厅，是以云龙元素为设计源泉，设计了一款金丝柚木壁炉，让人能感受到传统东阳木雕的精髓。朴素的太极馆，简单但也不失精巧。通过夹绢玻璃隔断的移门可以将太极馆分为开放和私密的多功能空间。通过太极馆侧面的落地窗户可以看到禅意的景观空间。茶室里的家具，也与众不同地采用了竹节形式的木饰面手法，让客人更好地在参茶的过程中调节心境。

　　正是因为有"逍遥的自然情趣、优美的人文情调、慈悲的光明情怀"，才能体现出此四合院的格调。

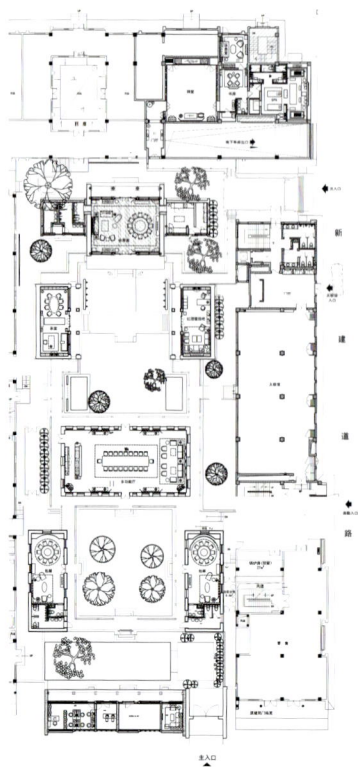

平面布置图

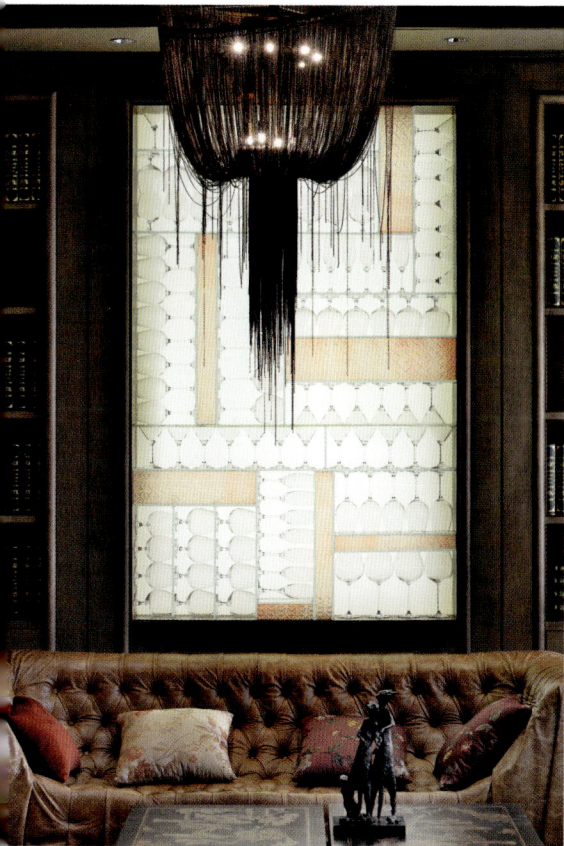

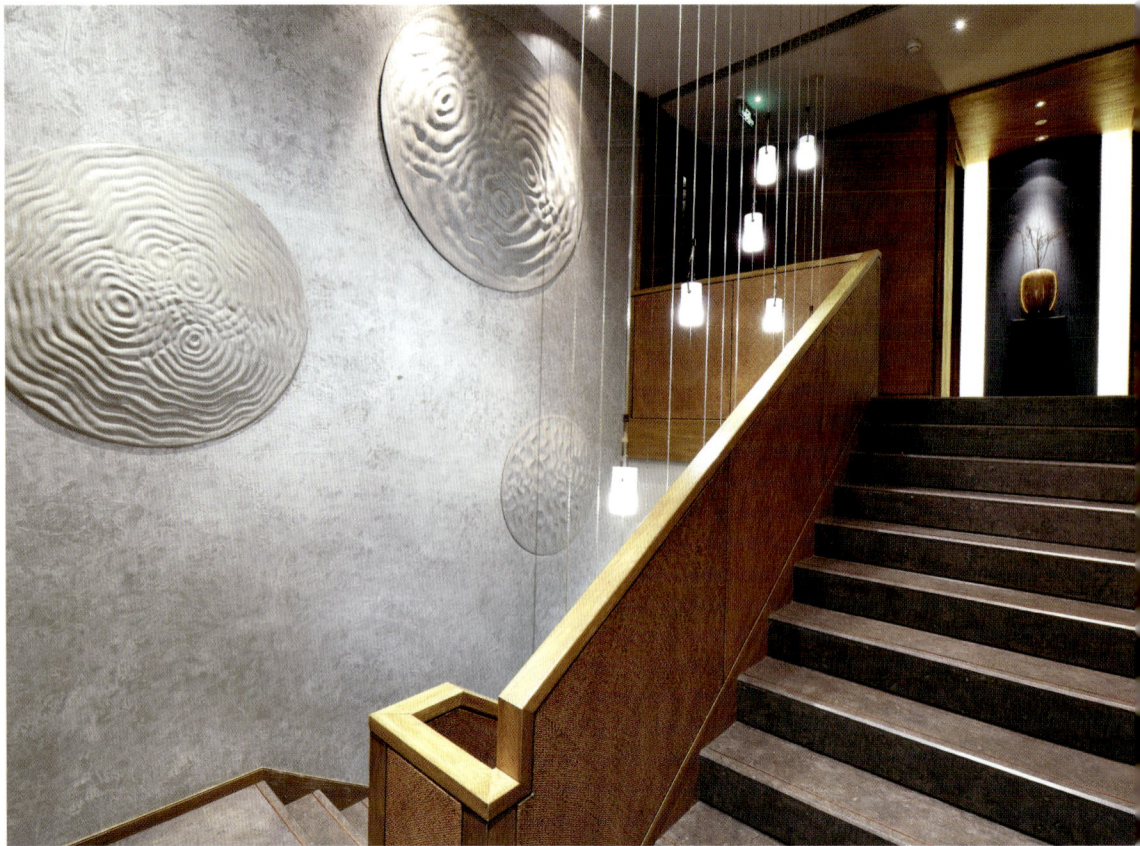

016/ **34号院**

项目名称：34号院
项目地点：北京市
项目面积：1116平方米
主案设计：艾青

老北京四合院作为城市文化脉络延续的载体，以其特有的建筑构造，反映着天人合一的精神主题，蕴含了深刻的文化内涵。在这个作品中，主创设计师艾清和其团队与中国古建泰斗马炳坚一起用信仰与信念，以如意为题，严格遵循古建传统营造方式，并于雕栏画栋的规制之间重塑了传统四合院的精髓；延续不乏创新，不同设计元素的运用，艺术陈设量身定制，布局其间更显精妙；力图传承四合院的精髓，并以当下的生活方式重新思考、定位和诠释一个属于"今天"的四合院空间。

作为四合院主体的庭院部分，三十四号院采用了琉璃荷花缸居中的布局，环绕着的流云纹白玉灯，用美学的手法将庭院中心的作为视觉主体的位置烘托出来，水云流转间情趣盎然，凭添新意。而四个琉璃樽则镇住东南、东北、西南、西北四个方位，光线从通透中洒出为院落平添了一份灵动。整个院落造景在环绕的游廊彩栋间显得大气而不失精致。

庭院的景深进一步地延续，东西厢房向内的一侧完全打开，经过空间解构之后的厢房采用落地玻璃，这样厢房之中的气息与院落与景致融会贯通，院落在无形之中被鬼斧神工般地拉大，变成了一个大全景，而居于厢房之中则可饱览庭院里的良辰美景。落地玻璃为中空，由LED光导刻成植物的纹蔓脉络，在室内与室外的融合部又添加了妙笔生花般的意境。

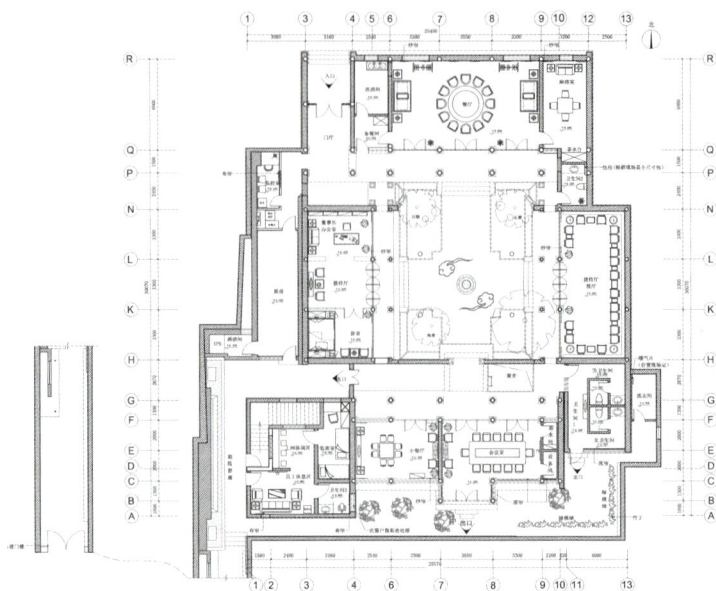

平面布置图

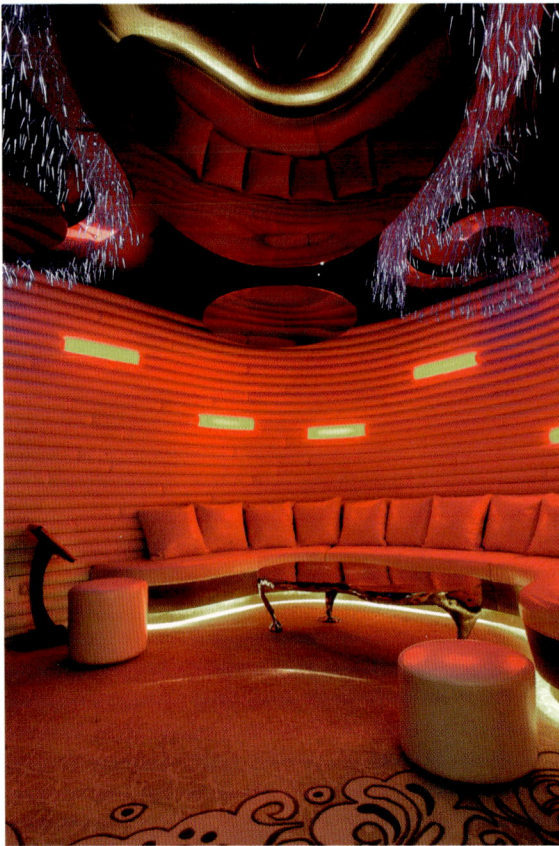

O17/ 闻涛居

项目名称：闻涛居
项目地点：浙江省湖州市安吉
项目面积：1200平方米
主案设计：尉建

闻涛居坐落于山间密林之中，相伴松林优美的景色，自然环境得天独厚。改造前，这里曾是闲置多年的库房，空间封闭简陋，而自然的环境既为项目提供了质朴而优美的背景，也带来了灵感。设计追求山、水、人的融合，营造"松下闻涛语"意境，以自然的新东方主义风格诠释空间。

闻涛居空间规划明确清晰，以半开敞的围廊作为交通主线，串联会客室、会议厅、红酒室、棋牌室、餐饮包厢、以及豪华套房等功能区块。

闻涛居独特的家具与陈设品为空间增加了浓重的一笔。船木家具斑驳自然的肌理诉说着经历的过往，从古村落收来的精美石雕以及定制加工的刻字石板给人古典与现代交融之美，定制的木梁悬挂于6米多长的船木会议桌之上，气场彰显无疑。

018/ 北海会所

项目名称：北海会所
项目地点：北京市
项目面积：1000平方米
主案设计：高志强

　　本案作为私人接待的高端会所，无论从空间尺度，还是从设计标准上都尽显宾客的重要性，不是以奢华的装修效果切入，而是更多地表达中国低调内敛的文化内涵。

　　新中式的室内空间配合新中式的建筑风格以及新中式的庭院环境，与百年古建大门形成鲜明对比，既不失古韵，又增添了现代感。一层空间的主次包间，以庭院作为分割，私密性更强；二层作为书画室、茶室和客房等，空间更为安静。

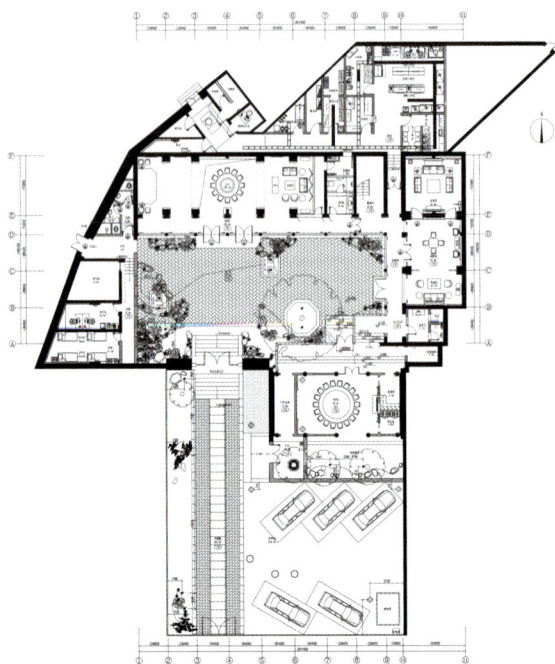

一层平面布置图

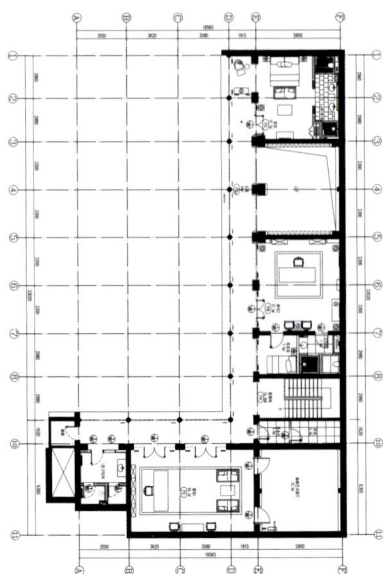

二层平面布置图

019/ 敔山湾会所

项目名称： 江阴敔山湾会所
项目地点： 江苏省无锡市
项目面积： 5500平方米
主案设计： 何兴泉

　　本案利用建筑及环境的先天优势，打造具有现代功能的人文私人会所。原生态与现代设计风格相结合，创造一个建筑、自然与人和谐共处的中间地带"灰色空间"，含蓄蕴藉、冲淡清远的艺术风格和境界。

　　本案项目耐人寻味使人能从所写之物中冥观未写之物，从所道之事中默识未道之事，即获得言外之意、象外之象、意味无穷的美感。"神韵"指一种理想的艺术境界，其美学特征是自然传神、韵味深远、天生化成，而无人工造作的痕迹，体现出清空淡远的意境。潜移默化间令身心为之舒畅。以其自然舒适、阳光充沛的个性，成为传统建筑形态布局的高尚典范。宅院的形式，现代的开放及相对隐私，达到一个中性平衡。选材以精、少、环保为原则，主要材料有橡木擦色、玻纤壁布乳胶漆、青石板毛面处理。

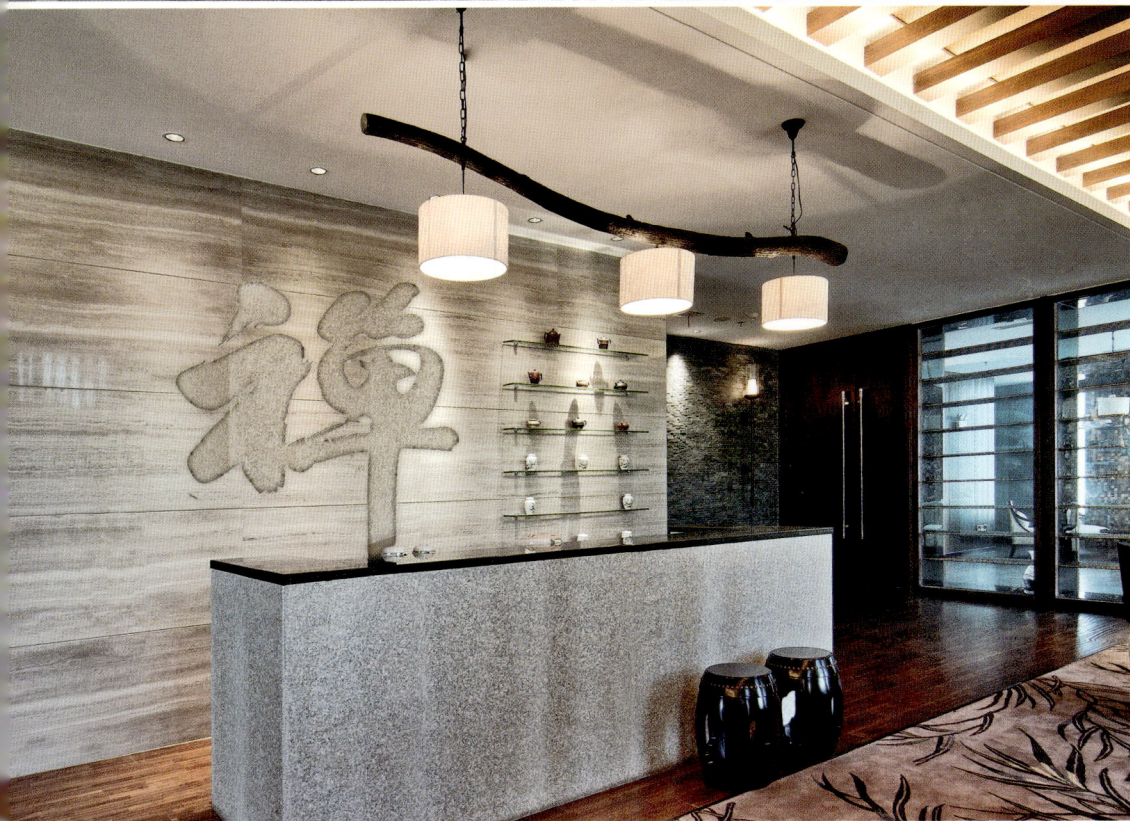

020/ 刘家大院

项目名称：刘家大院
项目地点：江苏省无锡市
项目面积：3500平方米
主案设计：何兴泉

刘家大院即刘墉江阴任职期间官邸。刘家大院借助刘墉故居的地域文化，还原其建筑古宅，利用建筑及环境的先天优势，打造具有现代功能的人文餐饮会所。传承故居文化，传承名人文化，传承江阴文化。

设计风格采用了以纯建筑美学的表现手法，尽量注重发挥结构本身的形式美，但同时充分利用地域文化特有的基本风格，用现代简约的表现手法，表达餐饮会所氛围、地域风情和开放文化的融合。

空间布置上，以"庭""院"为主导，将各类型空间以点位的方法分散布置，再通过曲桥、连廊、庭院有机地将这些分散的独立空间衔接起来，整体错落有致，层次分明。

材料上以环保、实用为方针，在种类的控制上以精简为主，不出现过多杂乱的材质，以保证品质的控制性，材质在前期选择就在性价比、施工性、持久实用性、防火犯规性等多方面做出了删选。

平面布置图

021/ 静会所

项目名称：静会所
项目地点：福建省福州市
项目面积：1200平方米
主案设计：吴联旭

　　静会所坐落在福州有着历史文脉的古建筑群三坊七巷中，本案突出其历史厚重感，并与传统文化相互结合，着手打造具有浓郁地方气息的茶文化交流会所。

　　设计师以大自然为师，由内至外追求与周围环境的和谐，取材自然，尊重原建筑，协调各种环境要素，细腻地转换着空间，展开优雅宁静的画面。

　　设计师以具有地方特色的院落建筑为骨架，内部装修时，我们将古宅的使用功能转化成为可满足现代需求，既保留了古建筑的典雅，又不失现代韵味。

　　在选材上尊重原建筑传统，遵循绿色环保原则，展现地方文化特色。

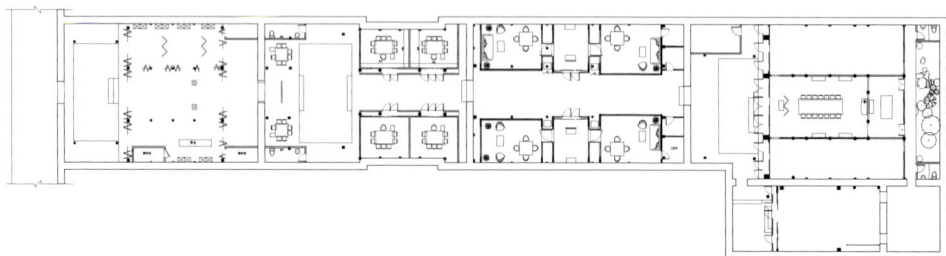

平面布置图

022/ 榴花溪堂四合院

项目名称：西安榴花溪堂四合院
项目地点：陕西省西安市临潼区
项目面积：2857平方米
主案设计：邱爱成

"仁者乐山，智者乐水"，这几乎是所有中国人都耳熟能详的一句话。这句话出自《论语》。

孔子当时的原话是这样说的："智者乐水，仁者乐山。智者动，仁者静。智者乐，仁者寿。"其意思是说，仁爱之人像山一样平静，一样稳定，不为外在的事物所动摇。

在儒家看来，自然万物应该和谐共处。作为自然的产物，人和自然是一体的。古的时代古的风尚，对于大自然的敬畏和崇敬激荡于古人的胸中，与大自然对话，与大自然相谐，以大自然作比。

实现天时地利人和、天人合一，是一种超脱的时尚，是一个洁身自好的境界，甚至是修身治国平天下的追求。

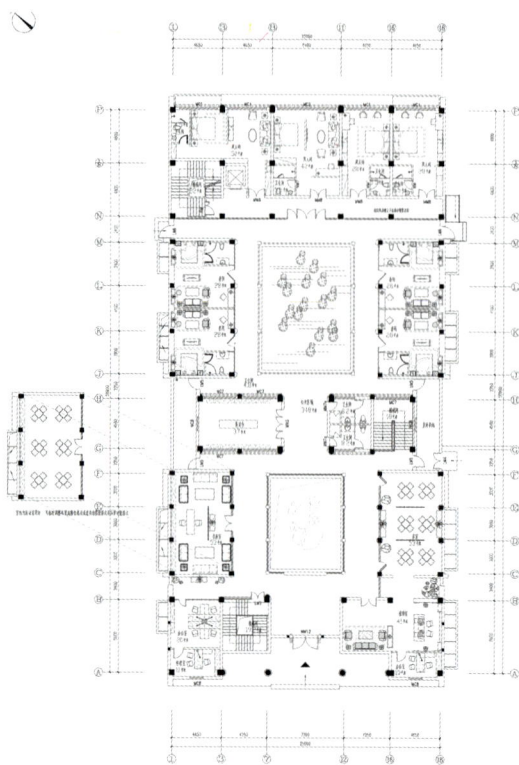

平面布置图

023/ 善缘坊茶会所

项目名称：善缘坊茶会所
项目地点：福建省福州市三坊七巷营房里16号
项目面积：500平方米
主案设计：林文

设计师通过现代简洁的空间语言，着力于茶会所文化意境的塑造。简洁的线条，给予空间纯粹的力度与美感，精致的结构、简洁硬朗的立面，富有活力的空间，现代与传统融合起来，作品里融入东方美学的特征，却并不显得矫揉造作。

叠拼青水砖在地面铺贴延伸，如水一般清爽而又洁净。在接待前区，设计师设计了宽敞的功能空间，墙面上以大理石的硬朗质感与美丽纹理相点缀，透露出空间尊贵的基调。展示柜上整齐陈列着精致的茶具、陶瓷以及名贵的寿山石工艺品，通过光源的照射，总是轻易便吸引了人们的眼球。

左侧区域，宽大的整木茶几，流畅线条的明式座椅，是品茗的极佳搭配。右侧则是茶艺表演的地方，一曲古筝演绎一段历史的故事，一泡好茶品出一种人生的悟境。异形的白色天花，那轻盈的造型让时光愈加灵动。顺着过道往里，每个包厢都有着浓郁的人文气息，无论简单还是繁复，都是洗涤心灵的处所。出自佛家大师之手的书法墨宝，弥扬的便是善缘禅法。那些泛着岁月旧时光芒的古董收藏品，所散发出来的韵味与艺术美感，令空间的简介有了丰满的精神内涵。

在这里不仅仅可以品茗论道，亦可欣赏展示柜上精美的艺术工艺品。听那一把古琴弹奏的一曲意味深长的古调，闲坐在此，喝一杯清茶，可以忘了那流水般溜走的时光，想必这也是设计师倍感满足的事情。无论如何，在此处度过一段美好的时光，都是令人惬意的事情。

024/ 裕泰东方

项目名称：百年裕泰连锁体系——裕泰东方
项目地点：上海市
项目面积：475平方米
主案设计：赖建安

吴裕泰茶庄始建于1887年，至今已有百年历史，以凸显百年人文茶馆的存在价值及意义。秉承这样的气质，我们从现代的中国风的角度让中国的百年茶文化获得了新的生命，而对中国传统材质和古代元素的精准运用，让整个空间古今交织，相互融合，充满时代气息，又不乏现代感的时尚，并将女性柔美质感融入其中。

从传统古朴出发，对中国元素进行了提炼，锦砖、竹藤、石块、铜板等，似乎一个关乎于中国茶文化的讲述就此娓娓道来。现代建筑的体量感在中国元素的表面装饰之后，增添了人文的感官享受，成为都市中难觅的一隅，自然且悠闲。现代建筑原本的冰冷和距离感就此巧妙地被设计者淡化了。

空间布局与茶庄的商业运行模式相结合，动静分离，动线布置与人的活动动态相结合，贯穿整个空间，相得益彰。材料上选用中国的传统材质，锦砖、瓷板、大理石、花梨木实木、铜板结合穿插，整个空间色系协调、质朴。

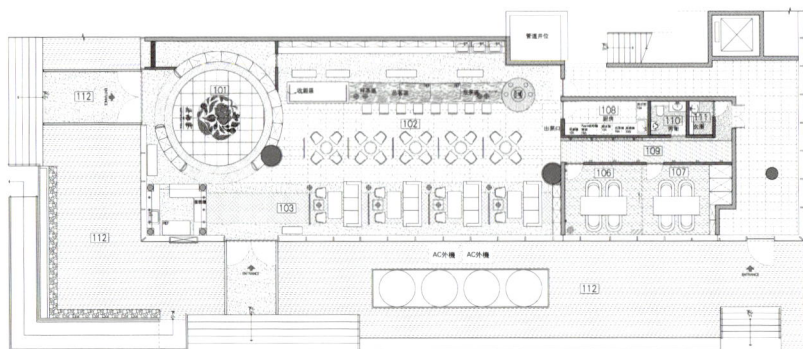

平面布置图

025/ 天悦会所

项目名称：天悦会所
项目地点：广东省广州市
项目面积：2700平方米
主案设计：王赟

本案的设计概念萌发于业主方对"一个圈子"的大义之解。设计者以The 48 Group俱乐部为对象，臆想伫立在年久的伦敦Mayfair区的Annabel's私人俱乐部餐厅，聆听着会员们的谈笑风生。

中央会所建筑占地2700平方米，纵跨三层，是提供休闲、健身与娱乐的综合性会所。本案负一层布局平行，功能区域分布合理紧凑。而在垂直剖面上，高低错落的视点被合理地分配在不同楼层标高上，从会所的三层窗户向外看，呈现出优美的立体园林景观。下沉式室内泳池采用Low-E圆拱状玻璃天幕，高效环保，同时给人们带来奇特美妙的空间转换体验。面对纵横交错剪力墙结构，我们坚持横平竖直的界面比例，使设计重心回归实用性。沉稳的灰色主体空间，少量金属元素点缀，以其诠释内敛的都市精英文化。

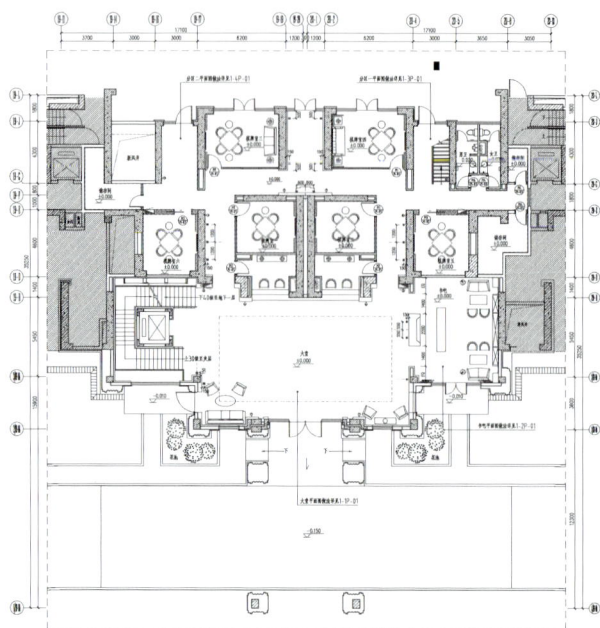

平面布置图

026/ 温泉乐园会所

项目名称：仙华四季温泉乐园会所
项目地点：浙江省金华市
项目面积：10000平方米
主案设计：蔡军

温泉会所以"雍容，华贵，浪漫、自然"的风格定位为基础，并将休闲度假的元素融入其中，让温泉体验与奢华酒店的感受融为一体，提升客户体验。

项目以温泉旅游资源为背景，将舒适、尊享、高贵的定位引入。设计师则以"新古典奢华度假空间"为切入点。在纯正古典的建筑外观里面到处是传统与时尚相结合后高贵奢华的装饰，褪去旧时繁琐陈旧的装饰风格而保留其新古典精髓后引入精致时尚度假风格的元素，让会所流露出的是高贵优雅、休闲舒适的气质。

大堂空间以传统中轴对称的方式奠定整体华贵大气的基调，随处可见古典圆柱方柱壁柱，柱拱相连，穹顶交叠，让流动的观感也充满对称。空间局部更多地采用小围合空间作为交通点，增强私密性和仪式感。

大面积采用米白色白玉兰石材，以黑色石材勾勒线条打下富有宫殿气质的奢华主基调，再配合以代表温泉主题的蓝色石材来做为大堂地面的散开莲花状水刀石材拼花，将温泉主题以低调奢华的方式体现。会所内部装饰大面积采用多种复杂马赛克工艺制作多个大型主题墙面，用度假主题的花朵海浪等图案以欧洲传统的装饰手法来表现，从而给温泉客人以全新体验。而烤漆黑檀木、半宝石石材背景、东方气质的地毯图案融入等等这些元素将会把高贵优雅演绎到极致。

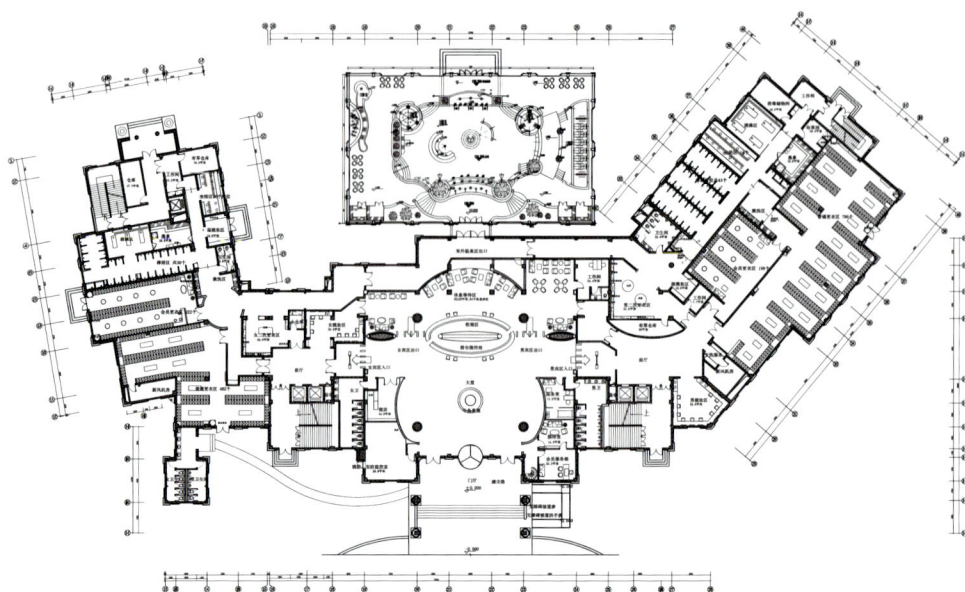

一层平面布置图

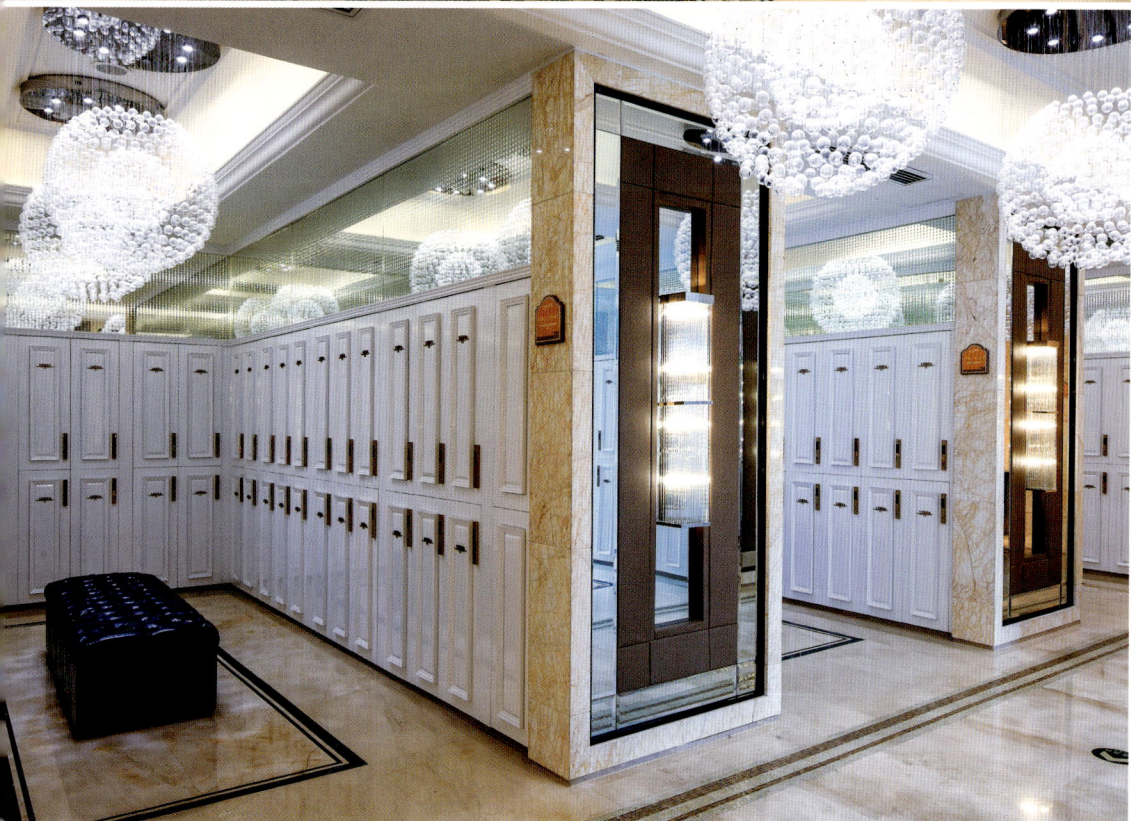

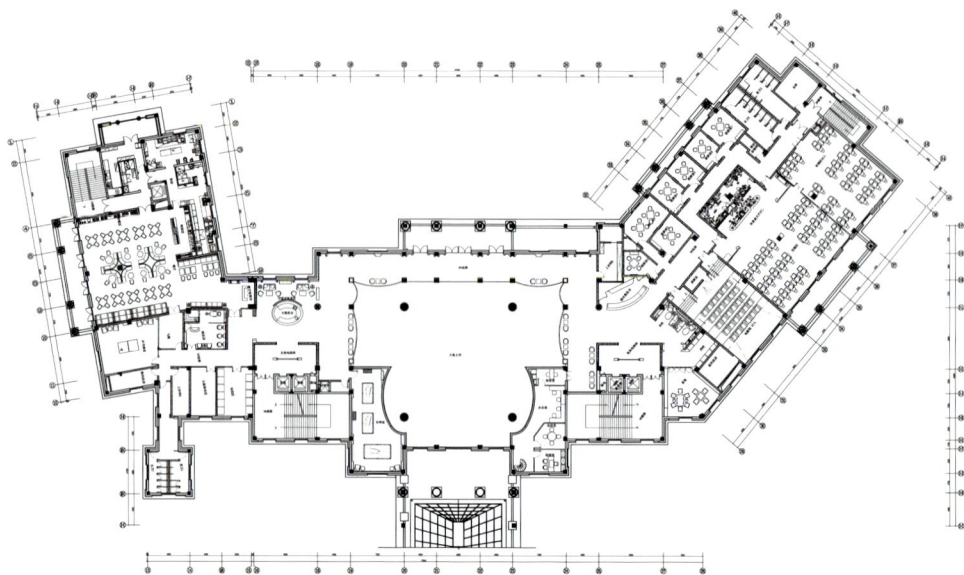

二层平面布置图

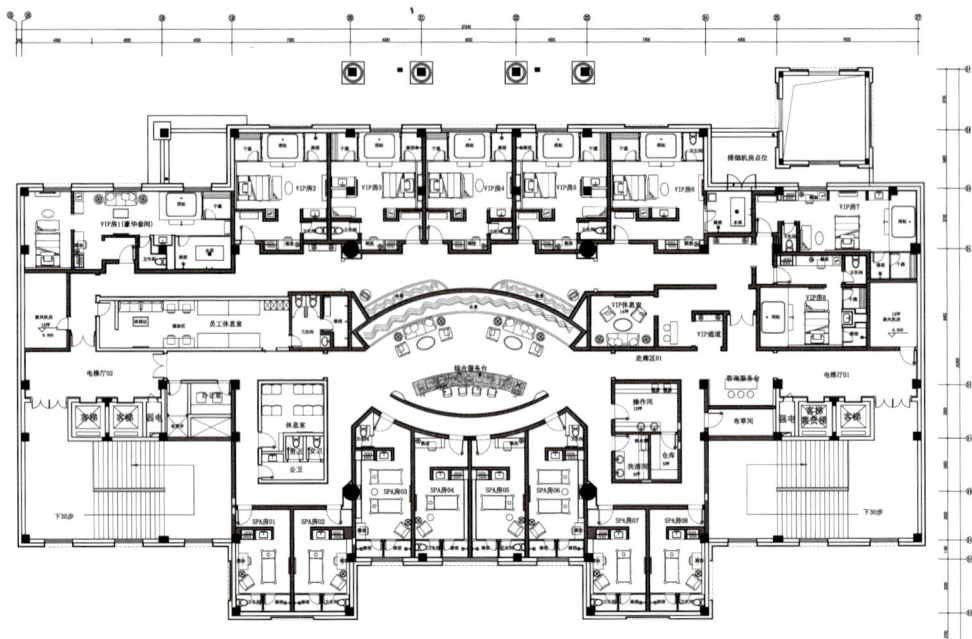

三层平面布置图

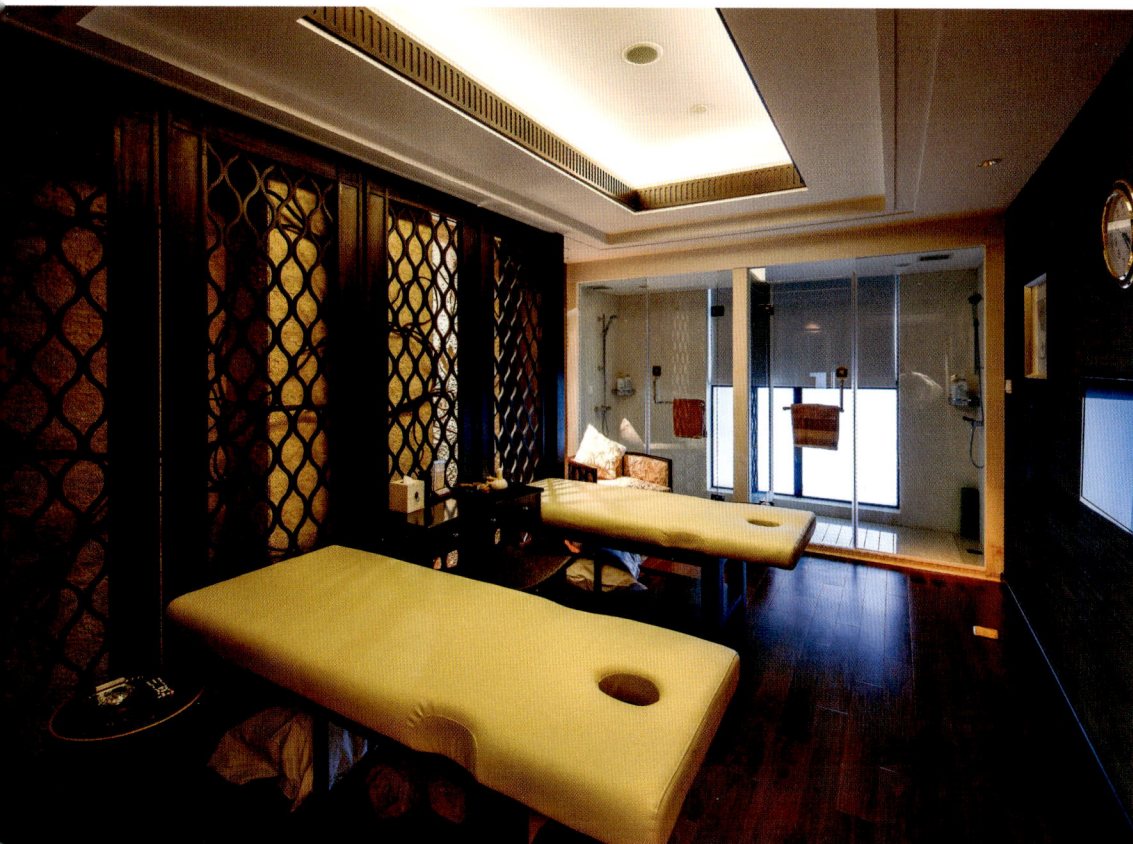

027/ 仙华檀宫皇家会所

项目名称：仙华檀宫皇家会所
项目地点：浙江省金华市
项目面积：4000平方米
主案设计：蔡军

本案以顶级奢华娱乐会所为基调，偏重商务方向。将极致奢华与沉稳商务的气质相融合。

项目将黑色、金色、白色、宝蓝色等经典奢华系色彩作为主题。从精美繁复的石材拼花和经典的欧式奢华线条图案元素等细节中点点渗透。体现出空间层次丰富、华丽非凡的整体气质。

大堂增加炫动舞台空间提升张力，公共走道以柱廊的结构体现宫廷式奢华感。大面积采用黄玉石材，以黑色银白龙及部分白色石材配合出宫殿感主基调，而镜面蓝色咖色马赛克增加空间炫丽时尚的质感。

与项目整体的风格定位混为一体，让客户始终体验到华贵炫丽的娱乐氛围。

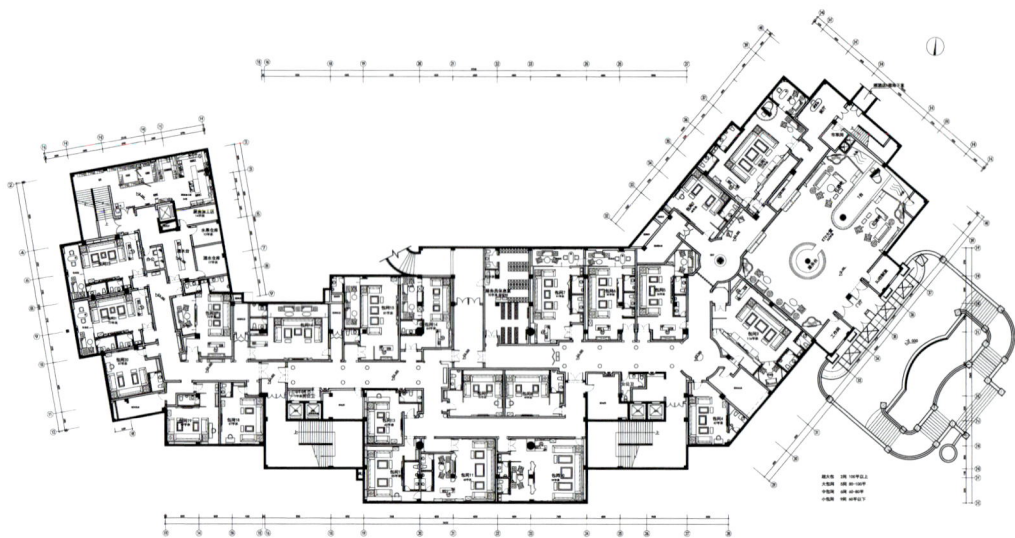

平面布置图

028/ 江畔会所

项目名称：江畔会所
项目地点：黑龙江省哈尔滨市
项目面积：510平方米
主案设计：辛明雨

　　哈尔滨这座城市是在东西方文化交汇中发展起来的，很早就有中华巴洛克风格的存在，本案的设计想在这种文化交融中寻找一种哈尔滨独特的文化味道。项目的设计风格为结合中华巴洛克建筑风格，寻找哈尔滨的民国味道。

　　项目利用原有建筑错层，以中间八角餐厅为中心点向四周分散布局，将现有材料重新分割后，以风格的形式进行拼装。

平面布置图

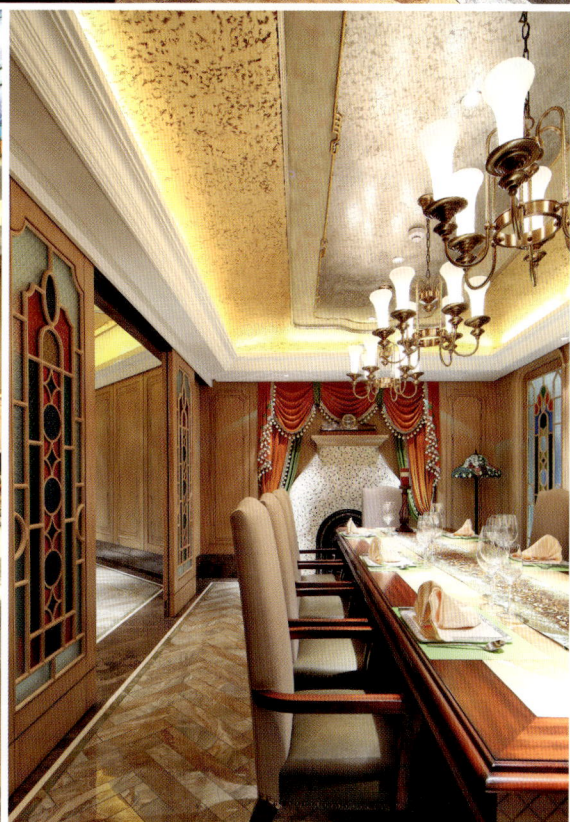

029/ 御汤山SPA会所

项目名称：北京御汤山SPA会所
项目地点：北京市昌平区小汤山御汤山别墅区
项目面积：1500平方米
主案设计：吴文粒、陆伟英

　　小汤山，素有"温泉古镇"之美称，为我国十大温泉之首，元明清曾经有32位帝王，御享此地800年。御汤山作为昔日皇家汤泉行宫原址上唯一别墅力作，设计上用大气奢华的欧式帝王风格营造尊贵感，1500平方米的面积，诠释出一种独有的僻静清幽之地。

　　富有中式意境的精美雕花图案让客户体验温情含蓄的东方情思和热情浪漫的西式优雅。金属质感的帘幔引领客人进入水疗中心，半开放式空间的设计提升空间的私密性。照明设计采用反射式灯光照明或局部灯光照明，让宾客在色光、香气和音乐的配合下，从视觉、嗅觉和听觉上都得到前所未有的净化，投入宁谧恬静的国度。

平面布置图

030/ 中粮瑞府

项目名称：北京中粮瑞府 400户型
项目地点：北京市朝阳区
项目面积：970平方米
主案设计：葛亚曦

北京中粮瑞府 400户型：心之安放，还是物之追逐？我们一直在说"生活美学"，我们始终坚持在做一件事，重建日常生活的神性。我们的创作、设计试图通过我们的独立记忆和体验创建一个经验的世界。当你买下我们的一个方案，你不仅买到了物件，你还买下了设计师生命里某一次难忘的奇遇，你买下了他看过的每一本书，买下了感动过他的每一部电影，买下了他在凌晨坐在电脑前抽的每一支烟，买下了他去过的每一个地方的记忆，每一次心动，每一次感悟。我们坚持用平凡的生活，物件背后的故事、安静朴素的深刻，有着时间、空间雕刻痕迹的人性来感动世界。

谨慎的设计和敏感的陈设，悄无声息的开始，用双手完成一次平凡的升华，像砂石、打磨结成昂贵的珍珠。像尘埃，凝结生成磅礴的云雨，美好之物，折射着设计的心性，眼界、气度与襟怀。心之安放，还是物之追逐，我们坚定地做出了选择，因为我们知道，即使世人都盯着狂欢的表演，但沉默孤独的人最终决定一切。

一层平面布置图

O31/ 奥斯卡酒吧

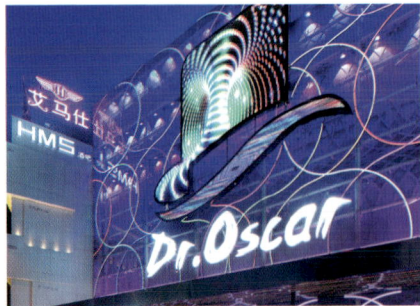

项目名称：奥斯卡酒吧
项目地点：江苏省无锡市
项目面积：5000平方米
主案设计：陈武

全球首家剧院式夜店Dr•Oscar，由新冶组设计联手诺莱仕集团倾力打造。独创剧院式酒吧，演绎5000平方米超视觉空间。高科技的声光电控制和别具匠心的舞台创意设计，带来颠覆性的都市夜生活体验。Dr•Oscar是设计师团队首次对剧院灵感夜店的延展，把剧院形式运用到酒吧空间设计之中，将酒吧空间格局与剧院装饰元素结合碰撞出全新的面貌，赋予夜店空间以剧场般恢弘的气势。

在大厅布局中，设计师大胆废除惯常设计套路，以夸张的风格和色彩鲜艳的美学取向，赋予美以戏剧感，突破传统玩店模式。科技的发展为人们的娱乐方式带来越来越多的选择，也为娱乐空间设计带来更多可能性。"三维舞台"的设置，颠覆常规三维灯阵概念，200平方米的3D全息投影，实体与虚拟跨空间呈现，带来剧院式的震撼演绎。主舞台背景为双层流星雨视频条矩阵，以结合创意灯光效果和新材料的精巧手法，通过独特的形式感，展现了充满动感和丰富体验性的空间形态，从而力求以全新的建筑语汇对单一的空间做出充满互动的回应。

材质与色彩的强烈反差是"Dr.Oscar"设计中的一大亮点。包房与走廊空间以黑白灰色系为基调，局部出现跳跃的色彩来活跃空间氛围，视觉上造成强烈的冲击。而公共空间的陈设色调则以典雅的金色和红色为主。精致的欧式灯具与巨型帘幕布艺，协调钢结构的冰冷硬朗，带来温暖而尊贵的体验。古雅的大理石地面与做旧水泥漆墙面，以材料差异制造质感反差，原始肌理展现时尚品味。以礼帽、皇冠、面具等戏剧性元素为主的装饰点缀，强调剧院主题。种种对比与主题性的意象创造出冲突趣味的空间。

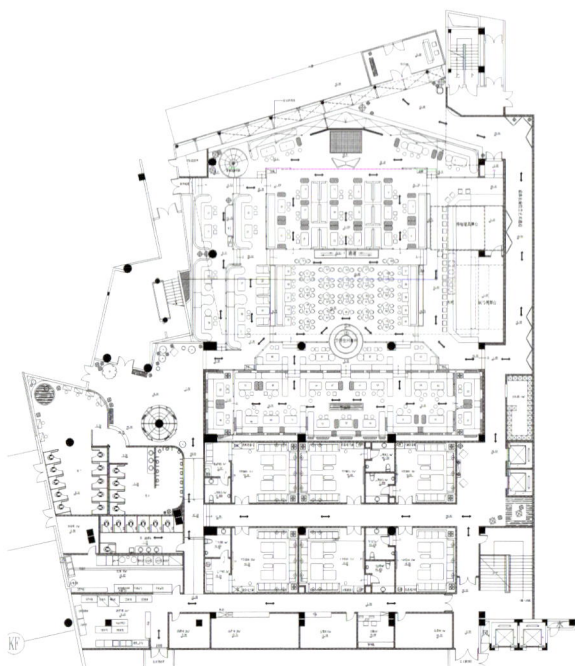

一层平面布置图

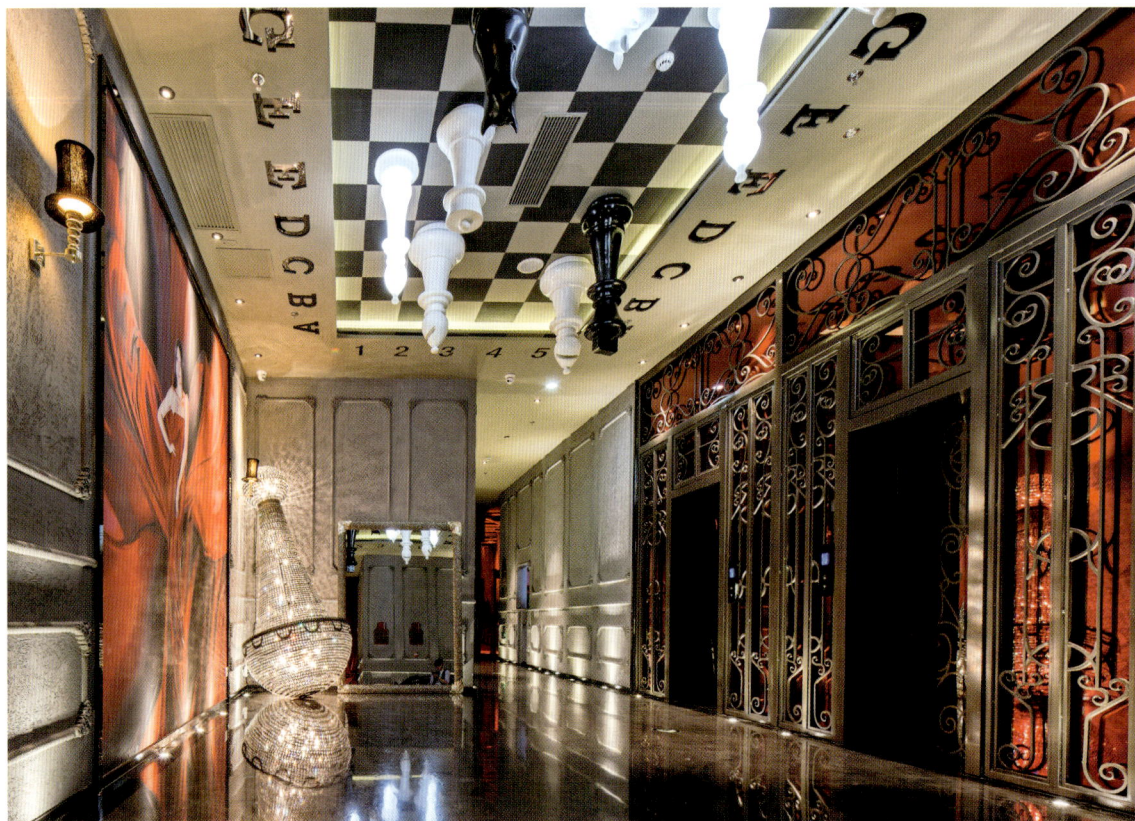

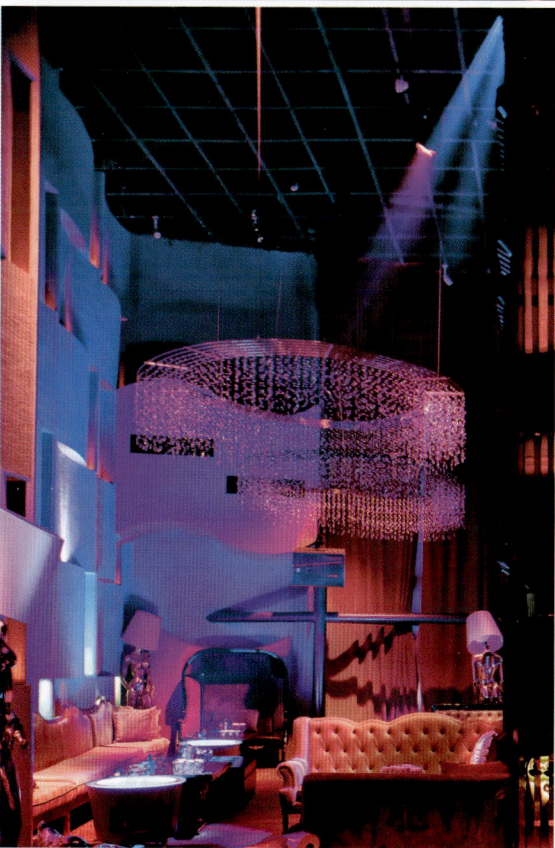

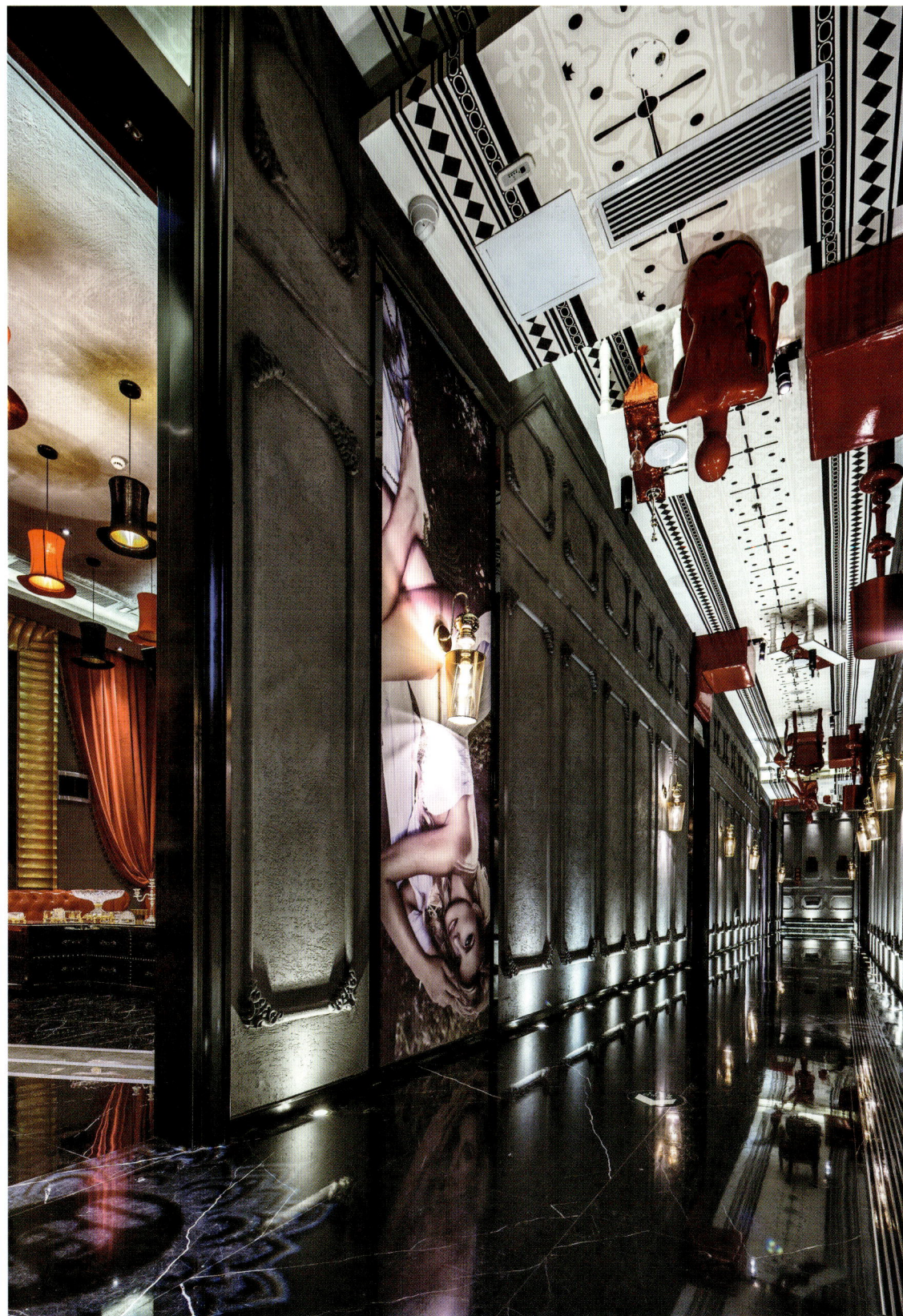

032/ 问柳菜馆

项目名称：问柳菜馆
项目地点：江苏省南京市
项目面积：1439平方米
主案设计：潘冉

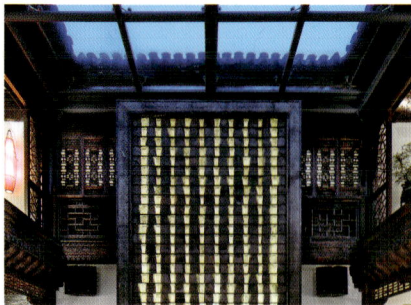

　　昔日秦淮，有三家老字号的茶馆，俗称"三问"茶馆。其名分别取自"问渠哪得清如许，为有源头活水来。"——问渠；"使子路问津焉。"——问津；"问柳寻花到新亭"——问柳。"三问"大约建于明末清初，是文人墨客聚会、商家巨贾谈生意的常往之地。本次设计对象，恰恰是以兼制活鲜菜肴闻名的"问柳"茶馆。

　　真正严肃地从中国传统精神出发，隐忍含蓄地使用中国式语言。结合运用建筑原有特色，打造内部安宁的环境氛围。"问柳"夸而有节，饰而不诬，恭敬地表达着空间营造者谦卑的诚意。众多当代名家留下的笔绘作品、手工艺品、艺术品与建筑装饰、建筑本体紧密结合，营造出平和高尚的空间气场。时间、光线、故事在此流转融会，一气呵成。

　　听雨看荷，第一重天井结合门厅设置，此处为故事的序章，洗净街市喧哗，将来客缓缓沁入建筑内部安宁的环境氛围。随着步步深入，第二重天井展现于眼前，它位于堂食厅的核心，是整栋建筑的心脏。一层空间的排布、二层包间的布置皆为围绕天井层层展开。天井的设置反映出中国风水流转的轮回思想，同时帮助建筑破除空间死角，为内部环境争取到充足的空气和光线。东西南北任何朝向空间都接受阳光沐浴，光线作用在古典建筑构造上，衍生出美妙的艺术效果。

　　选用了瓦片、砖细、竹节、风化榆木等当地材料，最朴素的材料在当代工艺的精细研磨下，使室内空间焕发出质朴祥和的气息。

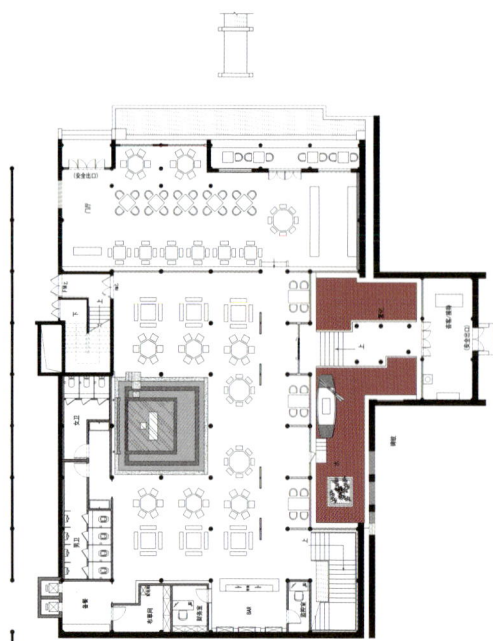

一层平面布置图

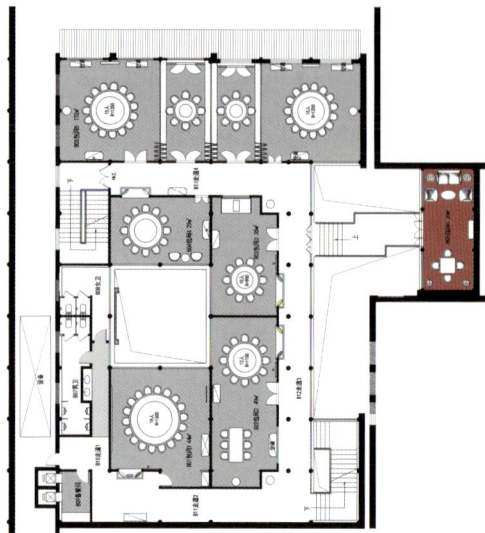

二层平面布置图

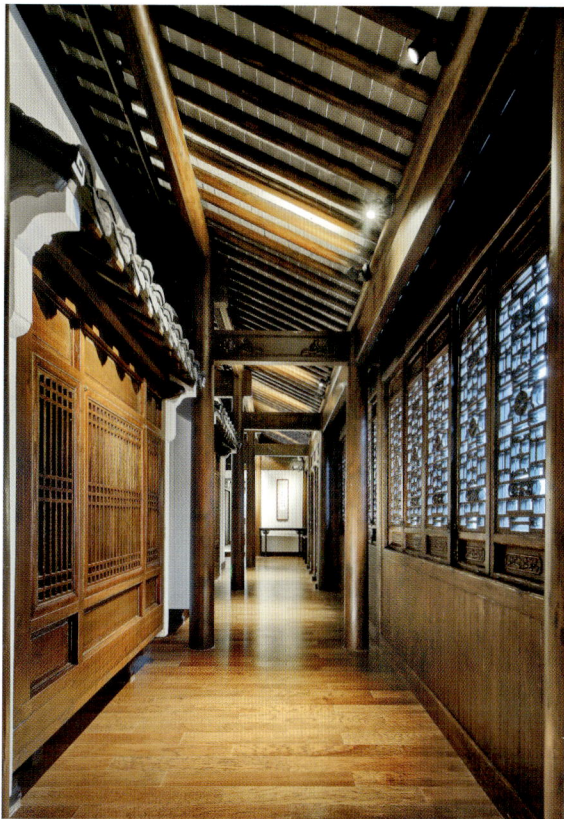

033/ 保利大都会

项目名称：保利大都会广场售楼会所
项目地点：北京市通州区
项目面积：335平方米
主案设计：吴德斌

该项目以现代科技应用、广告设计等客户群体为主，时下科技，创新的*IT*行业与人们的生活息息相关，如同*iPhone*，外观简洁却设计感极强，使用便捷而舒适。因此我们从建筑空间形态出发，充分挖掘和提升其价值，着重分析各个空间的体块关系，通过大面切割的收发突破整齐划一的空间规律，使之隔而不断，产生独特的节奏和韵律。

从接待前厅至办公区吊顶的斜向切割打破了原有空间的沉重感，玻璃与镜面的虚实映衬，搭配灵动的线性灯光，令空间更具活力与动感，力求打造一种未来感与科技感的氛围。挑高的夹层部分作为垂直空间的移动动线和视觉上的整合过渡空间，透明的玻璃栏杆干净利落地打造出一种新颖独特的*Loft*空间。在软装的定义上，空间以黑白灰为主调，颜色对比强烈，强调时尚及设计感，局部结合绿色的跳跃，增添空间的休闲气氛，家具的搭配延续切割的设计手法，如接待前台和会议室的造型展示墙的不规则切割形式等，给予人时尚简约大气之感。在设计师的笔下，整个空间用线条轻松勾勒，干净利落。无论是空间连贯性还是实用性都能呈现不一样的节奏韵律，赋予新的办公概念。

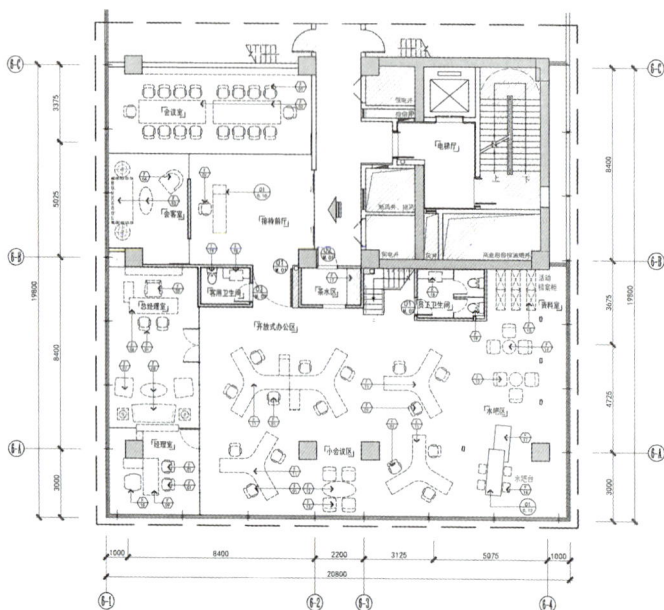

平面布置图

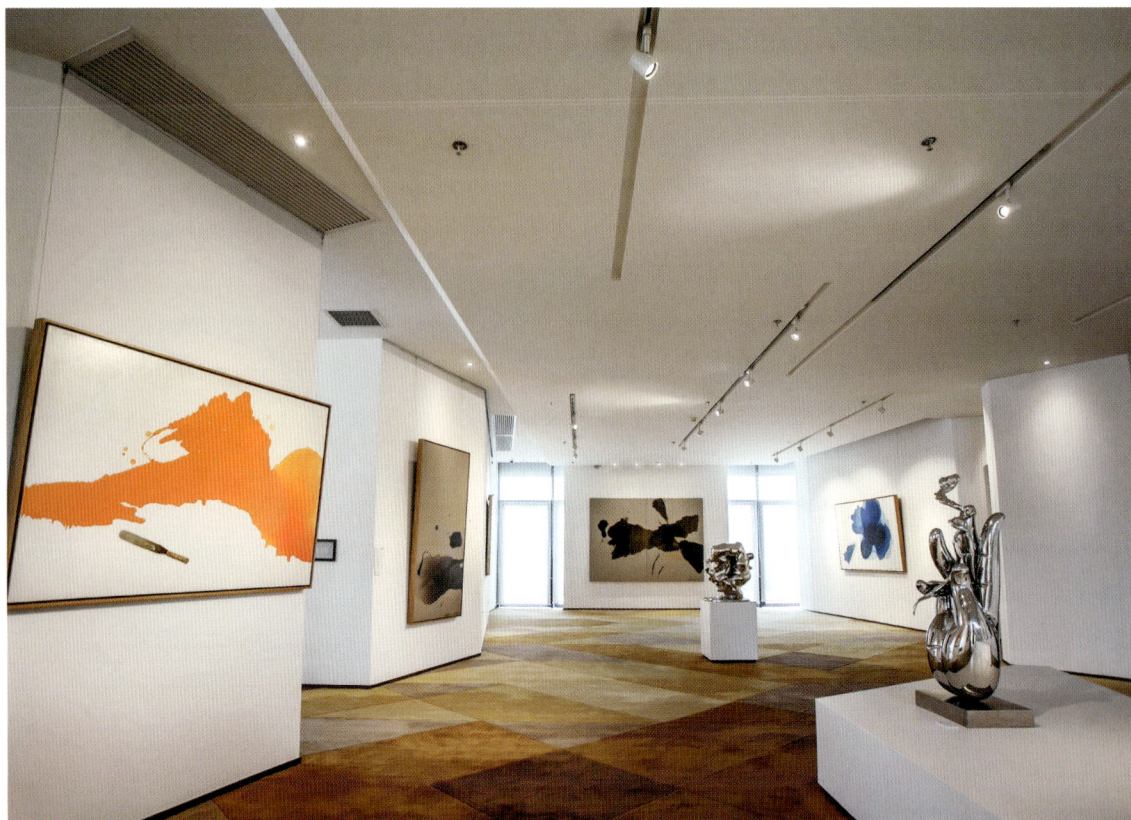

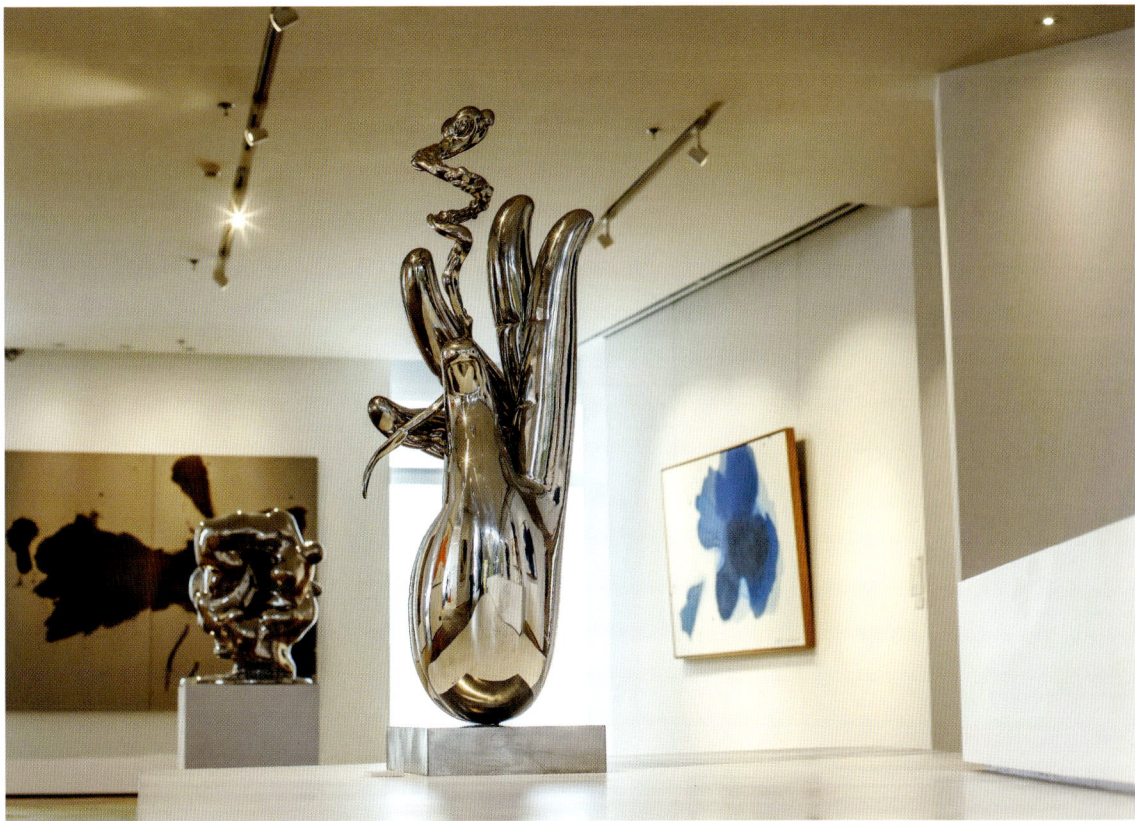

034/ *OMNI club Taipei*

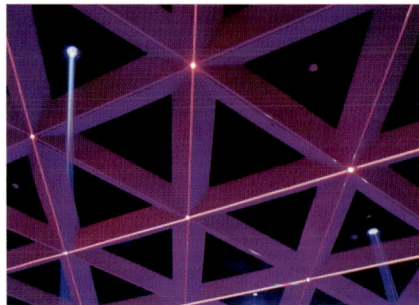

项目名称：OMNI club Taipei
项目地点：台湾台北市
项目面积：2500平方米
主案设计：张祥镐

OMNI，区区四个字母，却涵盖了天地四方魅力，包罗万象。OMNI 一字源于拉丁文，有万象、全能之意，无非是认为唯有这个字能将这个场所包罗万象、无奇不有的魔力给表现出来。为了将这个抽象的意境表现出来，团队成员远赴拉斯维加斯、Ibiza、伦敦、上海、首尔等地，亲访这些娱乐地标的指标夜店，再将国际级万人巨型音乐季的专业智慧投注于 OMNI 的软硬体规划之中，务求将 OMNI 当中"包罗万象"的含义完整地具象化。

创意，无懈可击。有趣的是，OMNI 一字的意思还不仅此而已，它还是个字根。就如同一块海绵，跟不同的字义结合起来，更能相互激荡出琳琅满目的惊喜。OMNI 好比一座宝库，在智者眼中它便是无所不知的，在能人面前它则是无所不能的，一但包容了天地万物，它更是无奇不有、无所不在的。藉由 OMNI 层出不穷的创意，彻底实现"万象包罗"的魔幻意象。

精彩，无所不在。除了目炫神迷撼动人心的视觉效果之外，声音更是 OMNI 刁钻苛求至死方休的细节。OMNI 领先全球采用了风靡派对圣地 Ibiza 各大俱乐部，令业界趋之若鹜的 VOID Acoustics 音响系统顶级旗舰 Incubus 系列。VOID 系统的设计规格宛如超级跑车，坚持纯手工打造自然不在话下，钢琴烤漆处理下的烈焰红更是让她在放声前就获得满室目光。当然，性感的外貌只是 VOID 的天生优势，她的音色才是让她艳惊四座的决胜关键。对于 VOID 来说，让听众舞动不是挑战，而是举手之劳。OMNI 全空间采用 VOID Incubus 系统，为您打造国内首间音场无死角，精彩无所不在的聆赏空间。

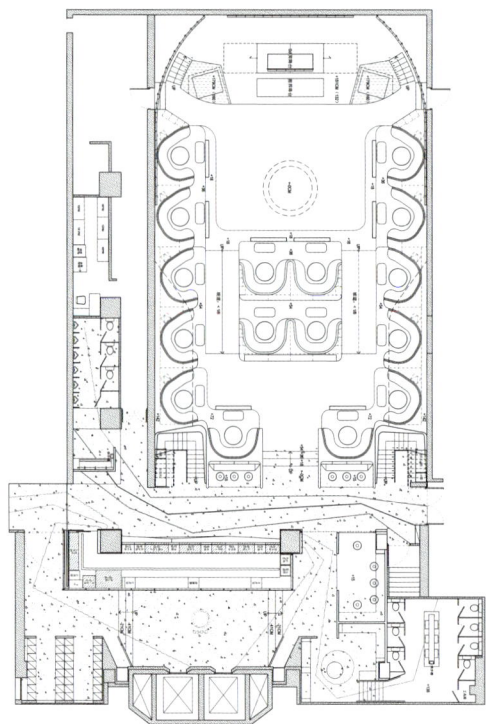

平面布置图

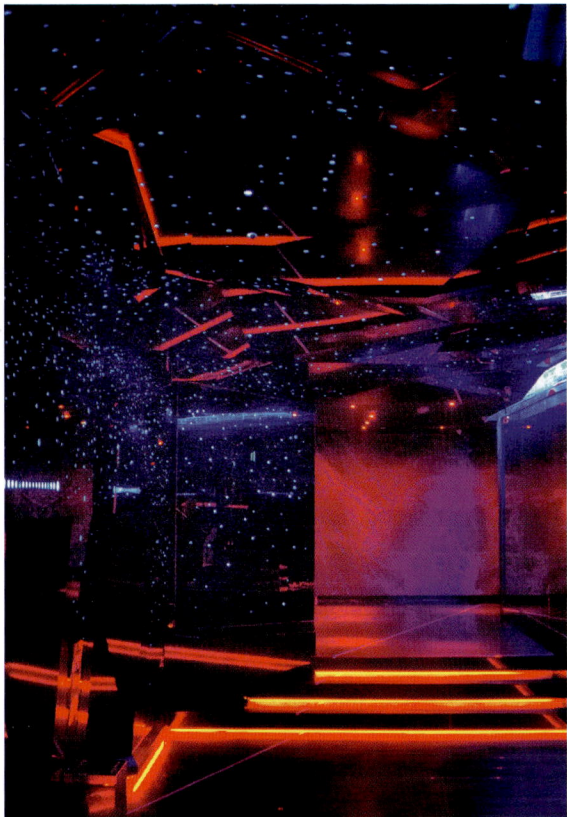

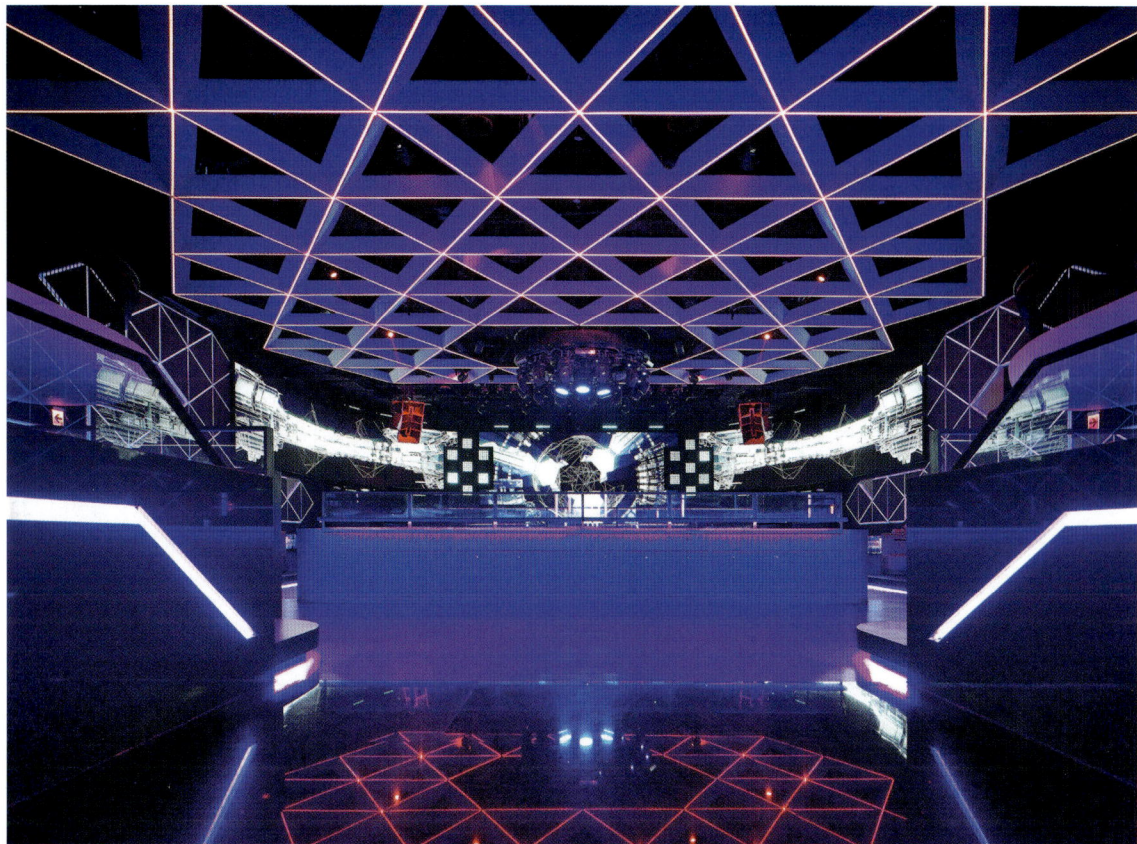